U0348512

燃气轮机核芯大修及压缩机内缸更换良好作业实践

RANQILUNJI HEXIN DAXIU JI
YASUOJI NEIGANG GENGHUAN
LIANGHAO ZUOYE SHIJIAN

叶冠群　主编

化学工业出版社
·北京·

本书以海上气田燃气轮机核芯交换和压缩机内缸更换良好作业实践为主线，主要包括燃气轮机和压缩机概述、燃气轮机核芯交换项目和创新技术、燃气轮机压缩机内缸更换项目和创新技术、其他典型创新技术及良好作业实践案例汇编等内容。

本书内容丰富，通俗易懂，紧密结合实际，可供从事油气田设备维修管理的研究和设计人员、施工人员、工程技术人员、运行管理人员使用，也可供相关专业院校师生参考。

图书在版编目（CIP）数据

燃气轮机核芯大修及压缩机内缸更换良好作业实践/叶冠群主编. —北京：化学工业出版社，2018.8

ISBN 978-7-122-32332-3

Ⅰ.①燃… Ⅱ.①叶… Ⅲ.①燃气轮机-核芯-检修②压缩机-检修 Ⅳ.①TK478②TH45

中国版本图书馆CIP数据核字（2018）第123709号

责任编辑：刘　军　冉海滢　　装帧设计：王晓宇
责任校对：王　静

出版发行：化学工业出版社（北京市东城区青年湖南街13号　邮政编码100011）
印　　装：天津图文方嘉印刷有限公司
710mm×1000mm　1/16　印张13　字数230千字　2018年9月北京第1版第1次印刷

购书咨询：010-64518888（传真：010-64519686）　售后服务：010-64518899
网　　址：http：//www.cip.com.cn
凡购买本书，如有缺损质量问题，本社销售中心负责调换。

定　　价：168.00元

本书编写人员名单

顾　　问　唐广荣

主　　编　叶冠群

副 主 编　刘向阳　熊永功

参编人员

曾庆军　吴建武　张志鹏　刘　军　付生洪

董　伟　张先喆　雷亚飞　陈文林　杨亚山

李卫团　杨　波　劳新力　张　龙　宫京艳

梁薛成

Preface

前言

东方作业公司是中海石油（中国）有限公司湛江分公司（以下简称为“湛江分公司”）下属的作业单位之一，主要负责莺歌海海域的天然气开发，所属气田包括东方气田群和乐东气田群。

东方气田群位于南海北部湾莺歌海海域，距海南省莺歌海镇约100km，距东方市113km，所处海域水深70余米。目前已建生产设施包括东方1-1CEPD中心平台、东方1-1WHPA井口平台、东方1-1WHPB井口平台、东方1-1WHPE井口平台、东方1-1WHPF井口平台、平台间管线和上岸管线等。乐东气田群位于南海西部海域莺歌海盆地，气田群所处海域平均水深约100m，气田群由乐东15-1气田和乐东22-1气田组成，乐东22-1气田西距乐东15-1气田21km，气田范围水深约96m。东方终端接收并处理来自东方气田群和乐东气田群的天然气和凝析油，处理后的天然气供给中海油化学公司、洋浦电厂等工业用户，并为海口市提供清洁的能源保障，处理后的凝析油直接销售。

在国内无任何成熟经验的情况下，依托多年积累的实战维修技能队伍和多项技术经验，东方作业公司首次在海油系统内成功实施燃气轮机核芯交换及压缩机内缸更换项目。通过“引进、消化、吸收、再创新”的方法，实现了进口关键设备自主维修，锻炼了海上气田设备维修力量，积累了大量实战经验，掌握了燃气轮机机组核芯交换和天然气离心压缩机维修技术，同时突破了国外厂家技术保护壁垒。

为了给类似项目的维修管理及运行管理提供经验，亟需相关的书籍，来总结燃气轮机核芯交换及压缩机内缸更换项目成果。为此，本书对燃气轮机核芯交换及压缩机内缸更换的关键环节进行了全面深入的总结，主要包括燃气轮机和压缩机概述、燃气轮机核芯交换项目和创新技术、燃气轮机压缩机内缸更换项目和创新技术、其他典型创新技术及良好作业实践案例汇编等。每个部分对理论依据、关键因素以及技术创新等进行介绍，以供同类型项目参考借鉴，助力湛江分公司的设备维修管理工作。

本书可供从事油气田设备维修管理的研究和设计、施工人员、工程技术人员、运行管理人员使用，也可供相关专业院校师生参考。

编者

2018年5月

Contents
目录

Contents

目录

Contents

目录

第 1 章 概况

1.1 气田群简介

东方作业公司是中海石油（中国）有限公司湛江分公司（以下简称为“湛江分公司”）下属的作业单位之一，主要负责莺歌海海域的天然气开发，开发设施包括三个海上气田及一个陆岸终端。

东方气田群位于南海北部湾莺歌海海域，距海南省莺歌海镇约100km，距东方市113km，所处海域水深70余米。目前已建生产设施包括东方1-1 CEPD中心平台、东方1-1 WHPA井口平台、东方1-1 WHPB井口平台、东方1-1 WHPE井口平台、东方1-1 WHPF井口平台、平台间管线和上岸管线，生产设施完善。井口平台所产天然气与中心平台所产天然气在中心平台混合，经过脱水、增压和计量后，通过105km海底管道输送至海南东方终端处理厂。东方1-1气田于2003年8月1日投产，高峰期每年向海南输送天然气达数亿立方米，是海南省清洁能源的最大输送源头。

乐东气田群位于南海西部海域莺歌海盆地，气田群所处海域平均水深约100m，气田群由乐东15-1气田和乐东22-1气田组成，乐东22-1气田西距乐东15-1气田21km，气田范围水深约96m。两个气田生产的天然气通过105km海底管线和69km陆地管线输送到海南东方终端处理厂。2009年8月28日，乐东22-1气田成功试生产。2010年9月6日，乐东15-1气田成功试生产。乐东气田群每年向海南输送天然气20亿立方米。该气田群的开发进一步提升了湛江分公司油气总产量，为湛江分公司的快速发展注入新的活力。

东方终端位于海南省东方市罗带乡，占地面积380亩（1亩=667m^2）。东方终端接收并处理来自东方气田群和乐东气田群的天然气和凝析油，处理后的天然气供给中海油化学公司、洋浦电厂等工业用户，并为海口市提供清洁的能源保障，处理后的凝析油直接销售。同时，东方终端还具有对海上气田设施的远程监控功能，在台风期间人员撤离海上气田后，可以在东方终端实现对平台的遥控操作，保证天然气的连续生产。

1.2

燃气轮机和压缩机概述

1.2.1 燃气轮机的发展概况

燃气轮机广泛应用于发电、船舰和机车动力、管道增压等能源、国防、交通领域，是关系国家安全和国民经济发展的高技术核心装备，属于市场前景巨大的高技术产业。燃气轮机技术水平是一个国家科技和工业整体实力的重要标志之一，被誉为动力机械装备领域“皇冠上的明珠”。正是基于燃气轮机在国防安全、能源安全领域占据的重大地位，发达国家高度重视燃气轮机的发展，世界燃气轮机技术及其产业发展迅速，目前已基本形成重型燃气轮机以 GE、西门子、三菱、ALSTOM 等公司为主导，航空燃气轮机（包括工业轻型燃气轮机）以 GE、P&W、R&R 等航空公司为主导的格局。

我国燃气轮机的发展虽然已经有 50 年的历史，但 30 年的发展断层让我国燃气轮机技术错过了国外高速发展的时期，迅速与国际水平拉大了差距。随着我国天然气资源大规模开发利用，西气东输、近海天然气开发、液化天然气（LNG）引进、可燃冰开发、煤层气的综合利用、分布式电源建设等工程的发展，国家能源结构调整已进入实施阶段，燃气轮机在我国迎来了前所未有的发展机遇。

1.2.1.1 燃气轮机技术发展现状

（1）国际燃气轮机技术发展现状

70 年来，重型燃气轮机燃气温度由早期的 550℃提高到 1600℃，单循环效率由 17% 提高到 40%，单机功率由 1.5MW 提高到 460MW，实现了巨大的技术跨越。世界重型燃气轮机制造业目前已形成了高度垄断的局面，基本形成了以 GE、西门子、三菱、ALSTOM 公司为主的重型燃气轮机产品体系，基本代表了当今世界燃气轮机制造业的最高水平。

（2）国内燃气轮机产业技术发展现状

总体来说，60 年来我国重型燃气轮机行业呈“马鞍形”发展。中国燃气轮机的发展现状是：起步不晚，进展不快；性能不高，拐棍难扔；投入不大，摇摆不定；机型不少，所占市场份额不大。

① 我国重型燃气轮机产业技术发展现状　国内重型燃气轮机产业分别以哈电集团、上电集团、东方电气集团、南京汽轮电机（集团）有限公司为核心，形成了相应的燃气轮机制造产业群，目前全行业具备了年产四十套左右燃用天然气的F级和E级重型燃气轮机以及与之配套的燃气-蒸汽联合循环全套发电设备的能力，可以基本满足我国电力工业的市场需求。

② 我国轻型燃气轮机产业技术发展现状　我国轻型燃气轮机在研制开发方面，具备初步配套的部件性能、强度和各系统、整机试验设施以及相应的测试手段，基本可满足轻型燃气轮机试验的需要。在制造方面，基本具备了研制生产航改机和轻型燃气轮机的能力，但同类机型在主要性能指标上与国外仍存在较大差距。我国燃气轮机工业的轻型燃气轮机集中在航空系统，发展了5大类自主燃气轮机：

a. 航机改工业燃气轮机，有WP6G、WJ5G、WJ6G、WZ6G等。20世纪60年代的技术水平，已经生产上百台。

b. 专利生产航机改工业燃气轮机，有斯贝和WZ8，其中斯贝的两种改型燃气轮机没有完成研制。另有引进生产许可证的GT25000舰用燃气轮机。

c. 合作生产燃气轮机，有FT8、QD10B、QY40等。

d. 正在改进中的航机改燃气轮机，有QD128、QD70、QD185等。

e. 863燃气轮机专项，R0110重型燃气轮机和微型燃气轮机。

1.2.1.2　国内燃气轮机产业与国外燃气轮机产业的技术差距

我国燃气轮机产业发展走的是一条分散、重复、曲折而艰难的道路，缺乏产业发展基础，尚未形成科学的产业体系。其差距主要表现在以下方面：

（1）燃气轮机产业研发技术较弱

由于历史原因，我国至今没有掌握具有自主知识产权的燃气轮机的设计与制造技术。虽然我国发电设备制造业通过招标与合资引进天然气重型燃气轮机发电机组制造技术，但外方坚持不转让燃气轮机设计技术和高温部件制造等技术，燃气轮机的核心关键技术目前还受制于人。

① 重型燃气轮机研发和技术　目前我国重型燃气轮机总体水平与国外相比差距依然较大，具体表现在：一是未掌握F级/E级燃气轮机热端部件制造与维修技术以及控制技术，热端部件依赖进口；二是未形成完

善的研发体系，更不具备 G 级 /H 级燃气轮机以及未来级燃气轮机产品研发能力和技术。

② 轻型燃气轮机（包含微型燃气轮机和中小型燃气轮机）研发和技术　与国外相比，我国中小型工业燃气轮机行业存在较大差距，具体表现为：一是中小型燃气轮机研制处于起步阶段，虽然研制了几种产品，市场尚未认可，国内市场被国外燃气轮机垄断；二是尚未完全掌握工业燃气轮机的关键技术，特别是低排放燃烧室、多种燃料燃烧室和高温涡轮冷却叶片等设计技术，未形成工业燃气轮机研发体系；三是微型燃气轮机还未完全建立设计、制造和运行的完整体系，微型燃气轮机部分关键技术尚未取得突破，产品尚未开始应用，高性能微型燃气轮机目前完全依赖进口。

(2) 燃气轮机产业能力相对较弱

燃气轮机的开发需要具备一套完整的设计、制造和试验体系。燃气轮机开发体系需要基础科学能力、制造工艺水平、材料研发能力以及试验技术的支撑。这些支撑，是燃气轮机研发所必须具备的能力条件。我国发展燃气轮机产业的基础力量相对薄弱，在设计能力、试验能力、加工能力和材料四大要素中，薄弱的环节是设计能力、试验验证能力、高温合金材料体系和能力，相对较好的是加工能力，但是也缺乏关键核心部件的加工能力。

(3) 燃气轮机产业配套体系不全

为满足核心企业燃气轮机产品制造的需求，我国对燃气轮机产业部分配套能力进行了发展，主要集中于燃气轮机制造配套能力建设方面，以冷端部件制造需求和辅助系统需求方面为主。但是已形成的配套能力中，均不具备关键核心热部件原材料、锻件、加工制造配套能力，不具备完整的燃气轮机研发设计配套体系，不具备完整的燃气轮机材料配套体系。与发达国家相比，存在巨大的差距。

1.2.1.3　燃气轮机发展趋势

世界重型燃气轮机技术发展遵循热效率提高的路线，正由当代级（E/F）向先进级（G/H）、未来级（J）发展，部分国外燃气轮机制造商的燃气轮机技术已达到 H 级水平。

(1) 燃气轮机技术发展趋势

提高燃气轮机参数（燃气初温和压气机压缩比），提高燃气轮机的效率，燃气初温的下一个目标是 1700℃。拓宽燃料适应范围，进一步降低 NO_x 等污染物排放。燃气透平要求进气温度更高、透平气动效率更高、功率更大、材料高温性能优越，采用更先进、更复杂的冷却技术。压气机向着级数少、压比高、效率高、运行稳定性高、喘振裕度大及流量大的方向发展。燃烧室要耐更高温度的燃烧反应，提高燃烧效率，减少污染排放，减小尺寸。

（2）燃气轮机功率发展趋势

无论是简单循环还是复杂循环，世界燃气轮机的功率与效率逐步提高，耗油率不断降低。简单循环燃气轮机主要通过提高压比、提高涡轮进口温度、提高部件效率等措施，提高功率与热效率并降低耗油率。

（3）燃气轮机沿着适应环保要求的趋势发展

目前，燃气轮机主要采用低污染物排放燃烧技术，新型低排放燃烧室的采用，将会大大降低 NO_x、CO 和颗粒物等的排放量，随着节能减排要求的提出也将会逐步应用于舰船燃气轮机上。

（4）燃气轮机产品向系列化、谱系化发展

以基准航空发动机为基础，燃气轮机设计与制造商改型研制不同类型和不同功率的燃气轮机，充分体现了“一机为本、衍生多型、满足多用、形成谱系”的特点，不仅赋予航空发动机顽强的生命力，达成更新换代的良性发展态势，也保证了燃气轮机的可靠性、先进性，周期短、风险低、成本低。

1.2.1.4 燃气轮机进气冷却技术

（1）气温对燃气轮机性能的影响

① 气温对燃机出力的影响　由于压气机是定容设备，即在既定的转速下运送恒定容量的空气，其质量流量与空气温度成反比，随着环境大气温度升高，压气机进气在容积流量不变的情况下，质量流量将降低，燃机燃料消耗量减小，燃机透平工质相应减少，燃机出力随之降低。对燃机而言，环境温度每升高 1℃，出力将下降 0.5% ～ 0.9%。以 GE 公司 PG9351FA 燃机为例，燃机出力随着压气机进气温度的升高而降低。如图 1-1 所示，PG9351FA 燃机进口气温从性能保证工况的气温 15.6℃升至 40℃时，燃机出力从 253.83MW（100%）降低至 209.06MW，出力下降幅度达到 17.6%。进气温度每降低 1℃，燃机出力可增加 1.834MW。

② 气温对燃机热耗的影响　随着大气温度升高，压气机耗功增加，在燃机输出功率降低的同时，燃机热效率随之降低，热耗增加。环境温度每升高 1℃，热耗将增加 0.2% ～ 0.3%。燃机热耗随着压气机进气温度的升高而升高，尤其是在高温情况下更为明显。如图 1-2 所示，PG9351 燃机进气温度从性能保证工况的 15.6℃升至 40℃时，燃机热耗从 9744kJ/（kW·h）

增加至10360kJ/（kW·h），即热耗增加6.3%。因此，燃机在夏季高温条件下运行，已不能满足设计进口气温的要求，造成燃机热耗率增加，最大增加6%左右，而且机组出力严重受限，最多下降超过17%，使机组经济性大幅降低。在夏季用电高峰期间出力下降严重，削弱了其调峰能力，也影响了企业的经济效益。

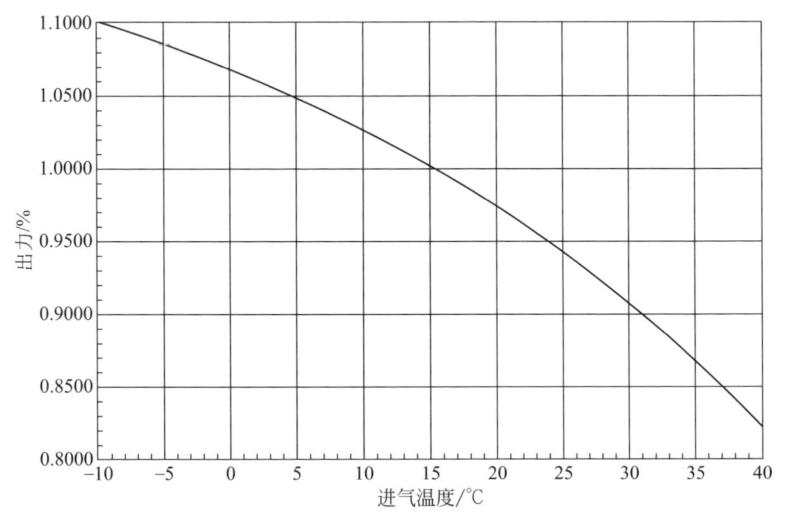

图 1-1　PG9351FA 燃机出力与压气机进气温度关系示意图

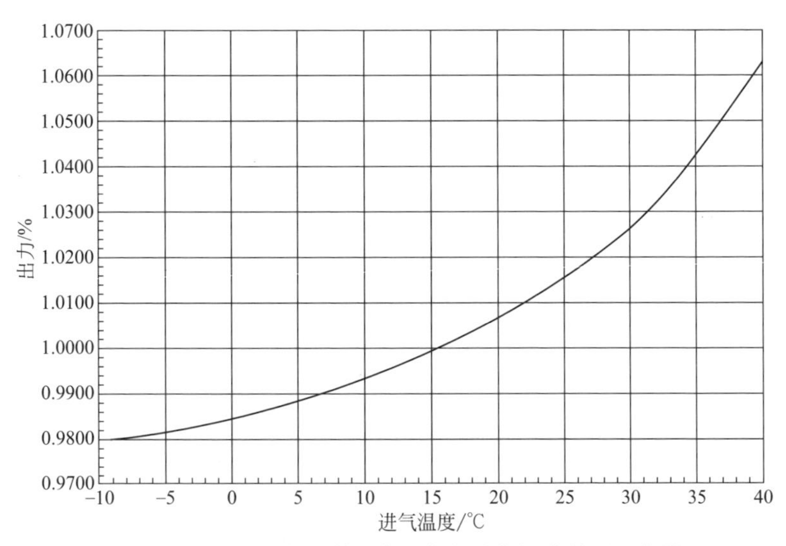

图 1-2　PG9351 燃机热耗与压气机进气温度关系示意图

（2）几种进气冷却技术分析

燃气轮机出力随进气温度升高而降低的问题可以通过冷却燃气轮机压气机进气来解决，特别是高温天气条件下运行的燃气轮机发电机组的压气机加装进气冷却装置是增加其出力的最有效的方法。燃机进气冷却技术分为蒸发式冷却和制冷式冷却两大类。前者根据冷却器的结构不同分为介质式蒸发冷却和喷雾式冷却，后者根据冷源的获取方式不同分为压缩制冷冷却、吸收制冷冷却、蓄冷冷却和 LNG 冷能冷却。

① 蒸发式冷却　蒸发式冷却是利用水在未饱和空气中蒸发时吸收潜热，从而降低空气温度。

a. 介质式蒸发冷却技术　介质式蒸发冷却主要由冷却水泵、喷嘴、用以形成水膜的介质、除水板、水箱等组成。将水膜式蒸发冷却器置于空气过滤器后，燃机进气与水膜接触从而达到降温加湿的目的。经冷却后的空气，相对湿度可达 95%。该方式的缺点是进气阻力大，安装时进气道要进行较大的改造，停机时间长。

b. 喷雾式冷却技术　冷却器将水高细度雾化后，直接喷入空气气流中，液态水在汽化过程中吸收汽化潜热，从而降低空气温度，接近湿球温度，可将空气冷却至饱和点附近（相对湿度达 100%），并利用水雾化后表面积急剧增大的特点来强化蒸发冷却的效果，具有很高的冷却效率，且进气阻力小，安装时无需对进气道进行改造，停机时间短。

② 制冷式冷却　制冷式冷却是在燃机压气机进口处设置翅片式表面换热器，空气在管外翅片侧流动，冷源在管内流动。这种换热器要考虑空气中冷凝水的分离、收集与排放。

a. 压缩式制冷技术　压缩式制冷采用压缩制冷循环，向燃机压气机进口的盘管冷却器提供冷源，冷源的获得以消耗机械功（电力）为代价，燃机压气机进气在换热器内被冷却水或吸收剂冷却。压缩制冷系统简单，可以获得较低的制冷温度，但最大的缺点是需要消耗电力，燃机进气冷却多发电的 25% ～ 30% 要用于驱动该系统，大大影响增加出力的效果。

b. 吸收式制冷技术　吸收式制冷利用电厂余热驱动制冷机，向燃机进气提供冷源，通过表面式热交换器降低燃机进气温度，达到增加出力、提高效率的目的。吸收制冷根据其结构有单级和双级之分；根据所采用的制冷剂不同分为氨吸收制冷和溴化锂吸收制冷两种型式。氨吸收制冷虽可获得较低的制冷温度，但设备占地面积大、造价较高且防爆等级要求较高，运行管理成本高。

c. 蓄冷冷却技术　蓄冷冷却技术是充分利用电网的峰谷差电价，即在电网低谷时，利用低价电驱动压缩制冷机制冷，把获得的冷量储藏在蓄冷装置中，待电网高峰期，制冷装置停止运行，再把蓄冷装置储藏的冷量释放出来，用以冷却燃机进口空气，降低进气温度，增加出力、提高效率。该方式一方面可以增加低谷期用电量，增加高峰期发电量，起到调整电网负荷的作用；另一方面蓄冷用的是低价电，节约成本。

d. LNG 冷能冷却技术　LNG 的温度是 −160℃，使用前必须在 LNG 接收站再气化为天然气，在气化过程中释放的大量冷能是可以回收利用的。其主要方式是利用中间传热介质（乙二醇水溶液）通过两级换热器将 LNG 冷能传递给燃气轮机入口空气，达到冷却燃机进口空气的目的。

已有的国内外运行经验表明，这些进气冷却技术已经比较成熟，几种冷却方式各有其特点，对于不同地区不同运行条件的燃气轮机，应根据实际条件选择进气冷却方式。蒸发式冷却直接接触式投资小，施工工期短，但冷却能力较小，特别适用于资金相对短缺、干燥炎热的地区。LNG 冷能利用需要与 LNG 接受站统一协调考虑。蓄冷式制冷与压缩制冷、吸收制冷的投资相当，蓄冷制冷特别适用于电网峰谷电价差较大的地区，而溴化锂吸收制冷能充分利用电厂余热、冷却能力较大。

1.2.2　离心式压缩机发展概况

当前国际能源的危机已影响到各国国民经济的发展。因此，各国对能源的开发与利用，都选择最优的工艺方式进行，并选择具有先进综合指标的设备。如：美国 IR 公司生产的流程用压缩机、气体摩托式压缩机、燃气透平等；库佩尔公司生产的燃气透平、离心式压缩机、摩托式往复压缩机；索拉燃气轮机公司生产的离心式压缩机等；这些产品已广泛地应用在美国阿拉斯加、加拿大、荷兰、德国、英国、阿尔及利亚、俄罗斯等国家和地区的油气田及化工厂。这些设备都具有指标先进、安全可靠、自动控制等特点。其中有些产品也被我国油气田所采用。如大庆油田购买的美国库佩尔公司的摩托式往复压缩机，以及美国克拉克公司原油稳定成套设备的离心式压缩机；南海西部油气田购买的索拉燃气轮机公司的离心式压缩机等。

1.2.2.1　离心式压缩机发展现状

离心式压缩机的发展历程要晚于活塞式压缩机，在 19 世纪活塞式压缩机几乎是唯一的一种压缩机，但由于活塞式压缩机存在着油耗量大、个体笨重等一系列的缺点，使其应用受到了很大的限制。同时，随着材料科学、气体动力学等一系列基础学科的发展和制造工艺的提高，离心式压缩机得到了迅速的发展。目前，大功率（最大功率已达 52900kW）高压离心式压缩机一般用高速工业蒸汽轮机拖动，多数采用单列串联或两列串联驱动。它的出口压力可达 150 ～ 850kg/cm^2，最高可达 420kg/cm^2；转速为 10000 ～ 16000r/min，最高可达 25000r/min；连续运转时间可达

18 个月以上。在高压离心式压缩机上则成功地采用了高压液体浮环式密封，多油楔径向轴承、浮动式止推轴承等结构。在工艺方面，对于叶轮轮出口较宽的压缩机则广泛采用全焊接结构代替铆接结构，对于狭流道叶轮的制造则使用电蚀加工。对转子动平衡的要求更高：在设计上合理地考虑转子的轴向推力平衡，多缸的临界转速和提高转子刚度，以及根据工质的不同性质来选择各零部件的材料等问题，并且正在逐步提高小流量级的空气动力性能和采用二元叶轮以及摸清高压下实际气体的性质，对于高速运转时的振动和压缩气体的性能试验和换算也是当前应被重视的问题。值得注意的是，国外正在研究试制压力为 2500 ～ 3200kg/cm^2 的超高压离心式压缩机，以适应高压聚乙烯生产的需要。此外，随着交通运输、国防等事业的发展，在小功率燃气轮机中的离心式压气机上广泛采用高强度的材料，其小级压比一般已达 4.5 ～ 6.5，并正在试制研究单级压比为 12、转速为 130000r/min、级效率更高的离心式压气机级。

1.2.2.2 国内外离心式压缩机产业的技术差距

我国燃气轮机压缩机的技术经过几十年的发展，到目前为止，已能制造出石油工业亟需的集气外输、油气加工、注储干气、气举采油、注气和原油稳定等不同用途的压缩机十多个系列，七百多个品种。但从国内压缩机生产厂家向石油工业市场提供的产品来看，在产品品种、数量、性能（包括易损件寿命）、震动、噪声、可靠性、配件互换性、变工况适应性等，以及成套水平、交货期和售后服务上存在着一系列问题，具体表现为如下几个方面：

（1）科研、试验体系不完善

国内燃气轮机压缩机的开发是在其他类型产品的间隙中发展起来的。绝大部分产品是改型、变形产品，没有充分考虑天然气的特殊性。国内目前还没有燃气轮机压缩机的试验台，无法进行以天然气为介质的性能试验。制造厂在性能试验及交付试验时均以空气为介质，因而与实际工况相差甚远。

（2）产品可靠性差

国内在用的几百台燃气轮机压缩机很大程度上存在着可靠性差、寿命短的问题，对油气田正常生产影响较大。

① 设计不尽完善，制造水平低，压缩介质带液严重，级间分离效果差，装配技术达不到要求。在制造鉴定样机上不惜工本精心制作，批量生产时放松管理，使正式产品与鉴定样机的质量相差甚远。有些压缩机无故障运转时间仅达 200 ～ 500h，就需检修。为保证油气田生产相对稳

定，大庆、大港、辽河、中原、胜利、南海西部等油气田常使压缩机处于“二备一开”的状态。

② 选用材质不当。天然气组分中含有腐蚀性气体，如二氧化碳、硫化氢、水蒸气等，气缸、转子、滑片、气阀、活塞环等易损件的材质选用不当，降低了使用寿命。

③ 易损件寿命低，更换频繁，影响了使用。

（3）漏气、漏油、漏水较为严重

国产压缩机无论是活塞式、螺杆式、滑片式、离心式，均存在着较严重的“三漏”现象。设计制造不完善、密封系统效果差是形成“三漏”的重要原因。

（4）产品不成系列，动力配套单一

国外各大油气田所使用的燃气轮机压缩机多由美国的库佩尔工业公司、英格索尔-兰德公司、环美德拉沃公司、奥地利LMF等公司提供。尤其是库佩尔工业公司，它是全世界首屈一指的天然气压缩设备的供应者，能提供7～2700kW动力范围内的任一种压缩设备。有整体摩托式、燃气发动机、燃气轮机、汽轮机、双燃料发动机、电动机等多种形式的动力配套供用户选用。国内燃气轮机压缩机以活塞式、螺式为主，主要生产厂家有沈阳气体压缩机厂、上海压缩机厂、北京第一通用机器厂、蚌埠压缩机总厂、天津冷冻机厂和四川压缩机厂等。从向市场上提供的燃气轮机压缩机来看，制造厂家缺乏标准化、系列化的设计思想，加之我国油气田开采规模不大，油气田较为分散，东部地区的油气田普遍老化，气压下降，各油气田压力差别也较大，因而没有过多的产品供用户选用。在配套上，除四川压缩机厂近几年发展了几种摩托压缩机外，其余均为电动机驱动，这种动力配套单一的状态不能满足石油工业电力紧张的现实需要。油气田用户迫切需要燃气摩托压缩机、引擎发动机，或以柴油和气体按比例混合，也可单独使用柴油或气体的双燃料发动机为动力的压缩机组供应用户。压缩机行业厂家对内燃机技术较为陌生，不敢贸然研制摩托式压缩机，但对燃气发动机很感兴趣。目前国内这类发动机品种及数量极少，根本无法选配。

（5）引进产品盘大势猛

近年来，石油工业为了解决一些项目的需求，不得不花大量外汇从国外引进大量的燃气轮机压缩机。华北、中原等油田引进了几十台英格索兰的燃气压缩机组，大庆、四川等油田引进美国库佩尔工业公司的DPC系列燃气压缩机。1990年3月国内最大的燃气引擎压缩机组——孤岛压缩机在胜利油田建成投产供气，这套机组也是从美国引进的。据

1987 年统计，全国 11 个主要油气田共有各类燃气轮机压缩机 338 台，其中引进产品为 115 台，占其总数的 34%。引进产品中又以价格昂贵的摩托式和燃气发动机为动力的压缩机组居多。“八五”期间，我国燃气轮机压缩机需求量呈上升趋势，但相当一部分仍需从国外购买。

（6）监控系统水平低

国产燃气轮机压缩机自动化控制系统的控制项目少，水平低、不可靠。如辽河油田在用的几台天然气增压机里的电磁放污阀，开始试用时动作率可达 90% 左右，当正常并网运行时，根本不能自动放污，为此，制造厂家不得不现场改制为手动放污。造成自控系统水平低的主要原因是控制元件质量差、性能不可靠，从而导致压缩机工作不正常。天然气为易燃、易爆气体，国内燃气轮机压缩机连单元自控都无法保证，更无法实现无人操作或远距离控制。

但是以上问题随着工业调整与发展将会有新的进步，会有更多更理想的设备来满足石油工业的发展。在我国有许多大厂已经引进国外先进技术与专利，完全具备生产优质产品的能力。如沈阳鼓风机厂引进意大利新比隆透平专利，该厂完全可以提供效率高、寿命长的以天然气为动力的大型管道压缩机与注气压缩机。无锡压缩机厂、四川简阳空压机厂正在研制摩托式压缩机，已有样机，要投入生产仍存在一定的技术问题，现在正在探索利用技术引进方式来解决。

1.2.2.3 离心式压缩机发展趋势

目前离心式压缩机总的发展趋势是向高速度、高压力、大流量、大功率的方向发展。如离心式压缩机的出口压力可达 15 ～ 35MPa，最高可达 42MPa。由于近年来合成氨、尿素和乙烯等生产规模不断地向大型化发展，新的离心式压缩机功率也不断提高，如日产 3000t 的合成气压缩机功率将达到 6×10^4kW。目前在国外有年产 68×10^4t 的最大规模的乙烯厂，其裂解气压缩机的功率达 5.5×10^4kW。

在离心式压缩机的结构方面，目前是向高速度、成套、组合化和自动化方向发展。如在提高叶轮圆周速度方面，采用了钛合金的叶轮，其圆周速度可达 400m/s，压缩机转数由 10000r/min 提高到 20000r/min，最高可达 120000r/min，由于叶轮转速的提高，从而可以缩小叶轮直径，使压缩机的体积、质量减小，节省材料。另外，三元精密铸造叶轮的发展，更进一步提高了叶轮的制造水平。近几年在密封结构方面进行了大量的研究和不断改进，提高了密封效果。例如级间的密封，壳体与轴的密封由单梳齿改为双梳齿迷宫密封，减小间隙，使密封结构与性能已达到

350MPa以上，这是由于浮环密封进行了不断改进的结果。国外有些厂用“L”型密封环，有的在高压环上开了轴向孔，经过研究还有的在高压侧上开了许多径向通槽，这样就大大改善了浮环的冷却效果，不但可以提高压力，而且还可以提高转速。近年来在轴承的结构及性能方面的研究和改进，更为有效地减少或防止了产生油膜振荡，减少了停车率，延长了连续运转时间。近年径向轴承一般多采用油楔轴承，而推力轴承则多采用叠块式金斯泊尔（Kingsbury）轴承和米切尔（Michell）轴承。其连续运转时间现已提高到30000～100000h。

我国从建国初期开始已能生产离心式压缩机，在20世纪70年代由于石油化工产业发展的需要而从国外引进了一系列性能较高的离心式压缩机，积累了丰富的制造和使用经验，在对引进技术进行消耗吸收的基础上提高了自己的研发和制造能力。到目前为止，已经能够生产供石油化工、航空航天、机械等各行业所使用的各种压缩机，但总体水平与世界先进水平还存在较大的差距，未来还需要加大在这方面的研发投入。

1.2.3　海上气田燃气轮机和压缩机简介

1.2.3.1　东方气田群燃气轮机和离心式压缩机简介

东方气田群开发设施包括三个海上气田及一个陆岸终端：东方1-1气田、乐东22-1气田、乐东15-1气田和东方终端。

东方终端配置有三台Solar C40燃气轮机压缩机组，用于管输天然气增压。将经过脱碳的天然气增压后，输送到下游用户（洋浦电厂和海口民用）。

中心平台动力系统为美国索拉燃气轮机公司生产的3相3线中性点不接地的主燃气涡轮发电机组；用于输送天然气的离心式压缩机也是由美国索拉燃气轮机公司生产。其中东方1-1平台三台Solar T70燃气轮机压缩机组，用于管输天然气增压；配有有两台Solar C40燃气轮机发电机组，用于供电。乐东22-1气田配置有三台Solar T70燃气轮机压缩机组，用于管输天然气增压；配置有两台Solar T60燃气轮机发电机组，用于供电。乐东15-1气田配置有两台Solar C40燃气轮机压缩机组，用于管输天然气增压。

燃气轮机发电机组是气田的主要供电设备，产生的电力除供给中心平台的用电负荷外，其产生的6.3kV电源经过一台星-三角隔离变压器和两台星-三角升压变压器、再经海底电缆分别送到其他井口平台，为其提供正常生产所需的电源。燃气轮机离心式压缩机的目的是将海底天然气增压，从而通过海底管线输送到东方终端。

1.2.3.2 燃气轮机工作原理及结构

燃气轮机实质上是一种使用空气作为工作流体提供推力的热力发动机。为了达到这一目的，必须使通过发动机的空气加速。这意味着，空气的速度或动能被增加。首先要增加压力能，接下来在最终转变回到呈高速喷流状态的动能前要加入热能。

（1）基本原理

图 1-3 说明了燃气轮机工作的基本原理。如图 1-3（a）所示，在气球内的压缩空气将力作用于气球的边缘上。按照定义，具有重量并占有空间的空气具有质量。空气的质量和它的密度成正比，密度、压力和温度成比例。根据 Boyle 定律和 Charles 定律（$pV/T=K$），随着温度增加和压力增加，空气分子被驱赶进一步分开，反之随着温度降低和压力降低，空气分子更接近在一起。

如图 1-3（b）所示，被限制在气球内的空气，当被释放时会加速离开气球，产生力。根据牛顿第二定律（$F=ma$），这个力会随着质量加速度的增加而增加。由气球内空气质量加速度产生的力导致一个大小相等而方向相反的力，该力使气球被向相反方向推动。

代替气球内的空气，如图 1-3（c）所示维持这个力，显然是做不到这一点的，如图 1-3（d）所示，允许一个负荷被加速穿过并驱动一个“涡轮”的空气质量的力驱动。

图 1-3（e）说明了维持一个加速的空气质量的力被用来驱动一个负荷的更实用的方法。该机壳包含固定体积的空气，空气被由原动机驱动的压气机压缩，被压缩的空气加速离开机壳，驱动被连接到负荷的一个“涡轮”。

如图 1-3（f）所示，空气被喷入压气机和涡轮之间，以便进一步加速空气质量，从而增加被用来驱动负荷的力。由于负荷增加，驱动压气机的原动机也更大，并且必须更费力地工作。

如图 1-3（g）所示，原动机被拆除并且压气机由部分燃气驱动，从而只要提供燃料，就使发动机自给自足。

图 1-3（h）代表典型的燃气轮机工作原理，进气被压缩，与燃料混合并被点火，高温燃气膨胀通过涡轮，提供机械功来驱动压气机，剩余的一些功率用来驱动负荷，然后，高温燃气被排到大气中。

（2）发动机循环设计

燃气轮机的工作循环类似于四冲程活塞式发动机的工作循环。但在燃气轮机中，燃烧是在恒定的压力下产生的；而在活塞式发动机内，燃

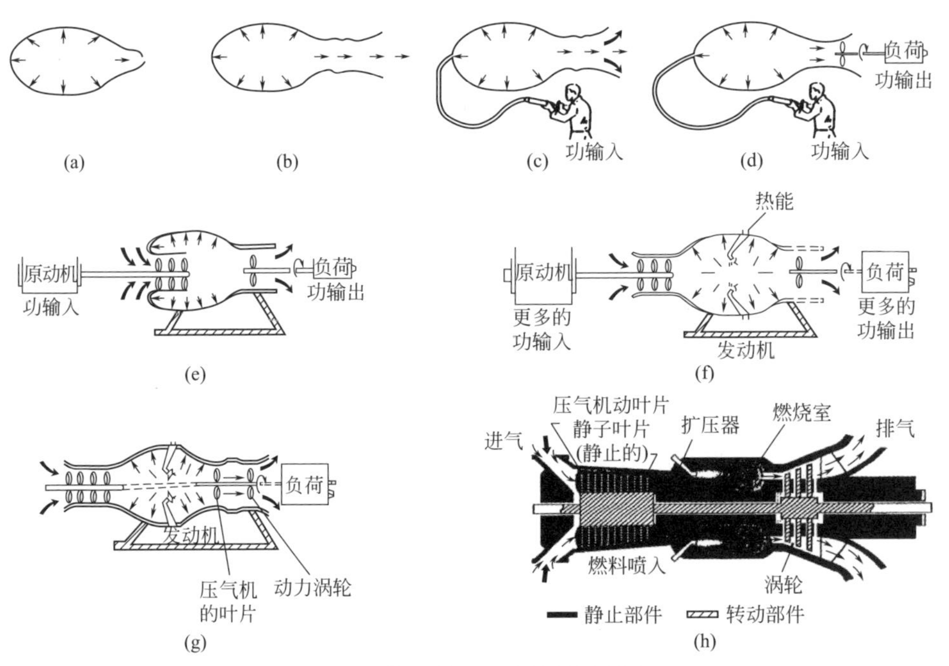

图 1-3　燃气轮机工作原理示意图

烧是在恒定的体积下进行的。这两种发动机循环都表明，每种情况中都存在吸入（空气或空气燃料）、压缩、燃烧和排气。在活塞式发动机中，这些过程是间歇的，而在燃气轮机中是连续产生的。在活塞式发动机内，生产功率中只使用一个冲程，其他冲程被包含在工作流体吸入、压缩和排出的过程中。比较起来，燃气轮机消除了三个“无功”的冲程，因此使得更多的燃料能在更短的时间内燃烧。于是，对于给定的发动机尺寸，燃气轮机能产生更大的输出功率（图 1-4）。

燃气轮机的工作循环，以其最简单的形式，用压力-体积图来表示（图1-5），这个过程被称为布雷顿循环，在所有的燃气轮机中都发生这个过程。

布雷顿循环各个阶段：

① 点 A 表示在大气压力下的空气，沿 AB 线被压缩，压缩发生在压气机进口与出口之间。在此过程中，空气的压力和温度增加。

② 从 B 到 C，通过引入并在等压下燃烧燃料，把热量加给空气，从而显著增加了空气的体积。燃烧在燃烧室内发生，在燃烧室内，燃料和空气被混合到易爆炸的比例并点火。

③ 当高温燃气离开燃烧室加速时发生膨胀，燃烧室内的压力损失由 B 与 C 之间的压力降显示，这些燃气以恒定的压力和增加的体积进入涡轮并通过它膨胀。

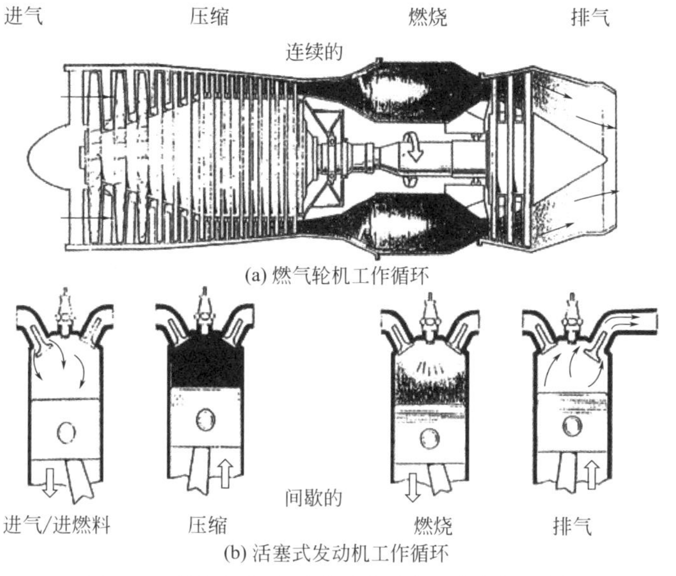

图 1-4　燃气轮机和活塞式发动机工作循环对比

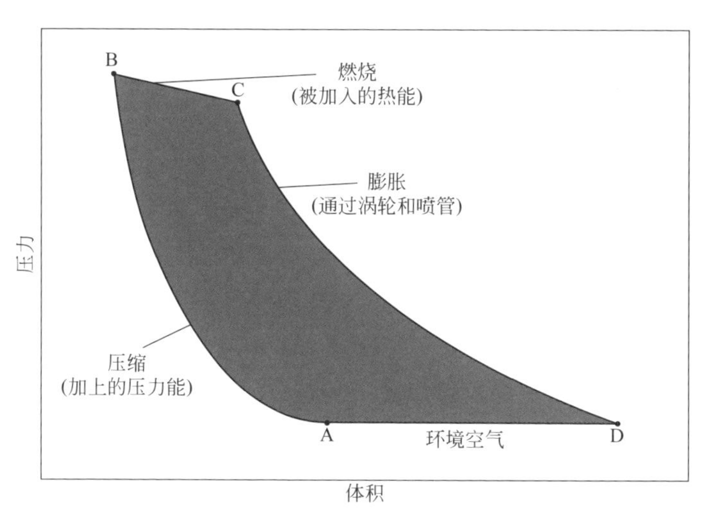

图 1-5　布雷顿循环示意图

④ 从C到D，高温燃气膨胀通过涡轮并排到大气，在循环的这一部分，超过88%的气流能量由涡轮转变成机械功，在发动机排气管处出现排气。

（3）单轴与双轴发动机结构的比较

图 1-6（a）是传统的单轴装置。轴流 COMP（压气机）、CT（压气机涡轮）和 PT（动力涡轮）全是机械上连接的。如果把发电机和齿轮箱加到这个轴上，就有一个具有高惯性矩的轴系，并且这对于发电机是有利的结构，这是因为在大的负荷波动时，提供了电流附加的速度（频率）稳定性。

图 1-6（b）表示标准的工业双轴结构，只是压气机和压气机涡轮被连接在一起，并且它们与动力涡轮和输出轴无关（指在机械上不连接），以便独立地旋转。这种结构对于变速驱动成套装置，如泵和压缩机都是有利的，这是因为燃气发生器可以针对给定的负荷以其最佳的速度运转。这种双轴仍然可用于驱动发电机，但在任何情况下它的负荷接受能力通常被限制为全输出功率的三分之一。

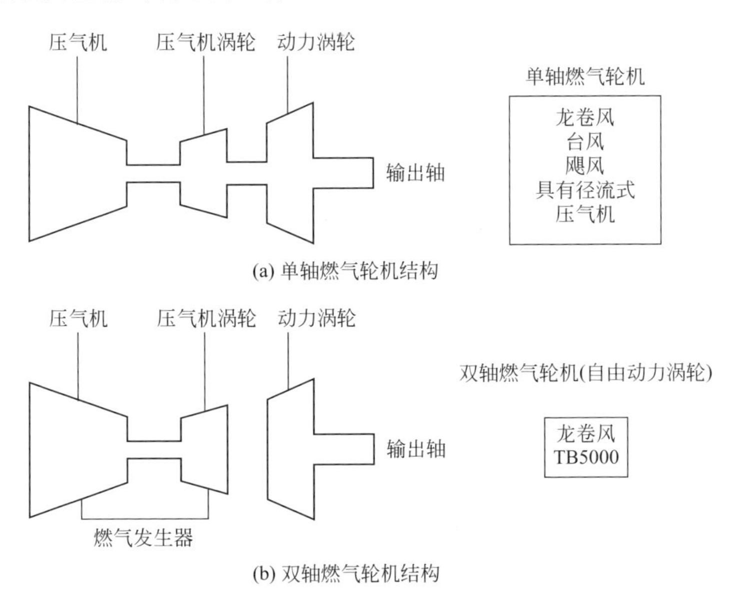

图 1-6　单轴与双轴（轴流式结构）燃气轮机结构示意图

图 1-7 是燃气发生器（压气机 / 压气机涡轮）的双轴结构。作为功率 / 扭矩发生器，给燃气通路加上一个专门被制造成与喷气发动机匹配的独立旋转的动力涡轮。航改型燃气轮机既在机械驱动装置中，也在发电机驱动装置中得到广泛的应用，比如，GE（美国通用电气公司）生产的 LM 系列燃气轮机。

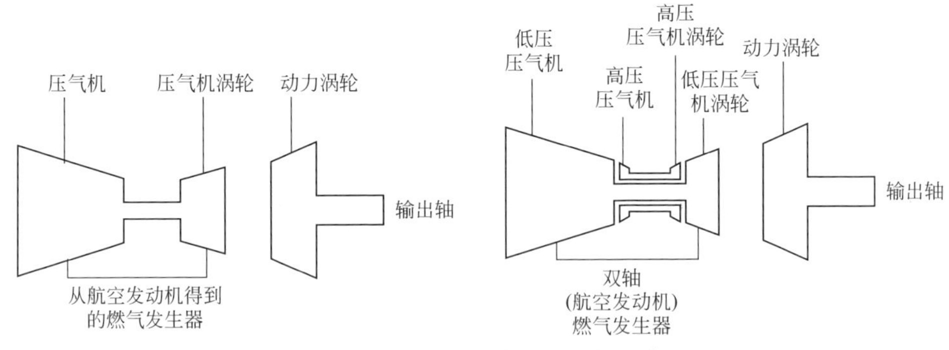

图 1-7　航改型工业燃气轮机结构示意图

（4）多级轴流式压气机基本结构及原理

① 轴流式通流部分型式　轴流式压气机的通流部分，分为三种基本的型式：等内径、等外径、等平均直径，如图 1-8 所示。等内径的优点是每级平均直径小而使叶片高，以获得较高的效率，还易于把通流部分分成几个级组，每个级组设计成同一叶型以便于加工。等外径的优点是平均直径逐级增大，即圆周速度逐级增大，故每级的平均做功量大于等内径的而使级数较少，其次是气缸平直而易于加工。等平均直径的级数及效率介于两者之间。在使用中，有将其中两种或三种型式混合应用的方案，以及用内、外径和平均直径都在变的型式。在工业燃气轮机中，压气机多数采用等内径的型式。

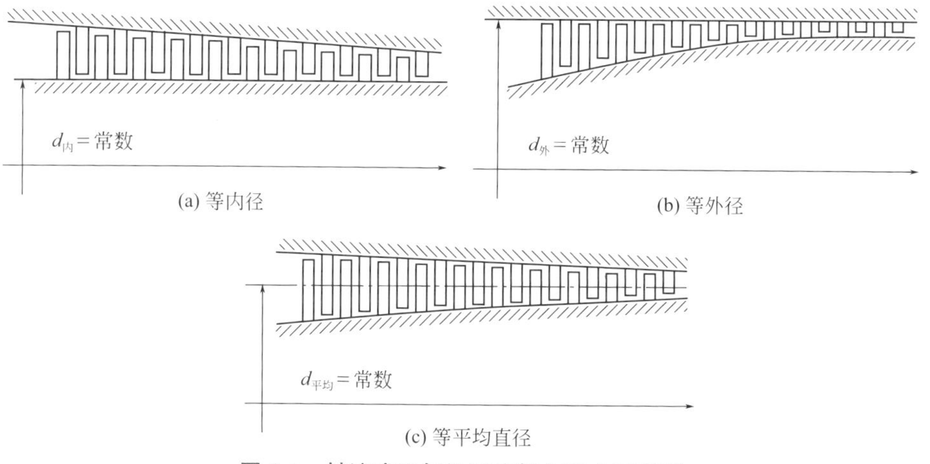

图 1-8　轴流式压气机通流部分型式示意图

② 压气机进出口　进气机匣（气缸也叫机匣）中收敛器流道截面不断缩小，应满足气流在其中均匀加速的要求，同时使气流较为均匀地流入进口导叶，以保证压气机性能良好。进气机匣一般是铸造的，应注意收敛器流道及筋板表面的清洁及打光，而收敛器出口通道则需经机加工来获得所要求的尺寸。

压气机出口扩压器性能的好坏，对压气机效率有直接影响。图 1-9 为一直线通道式的扩压器，在扩压角 $2r < 10° \sim 12°$ 时扩压效率较高，这时轴向尺寸较长。在机组的轴向尺寸允许时，以采用直线扩压器较好。但有不少机组为使转子的临界转速符合要求，需尽量压缩机组轴向长度来增大转子的刚性，这时将采用弯曲流道的扩压器。

③ 压气机转子　压气机转子是高速旋转的部件，它把从透平传来的扭矩传给动叶以压缩空气，这一特点决定了转子对强度有高的要求。刚度问题主要反映在临界转速上，机组的工作转速应避开临界转速。最大

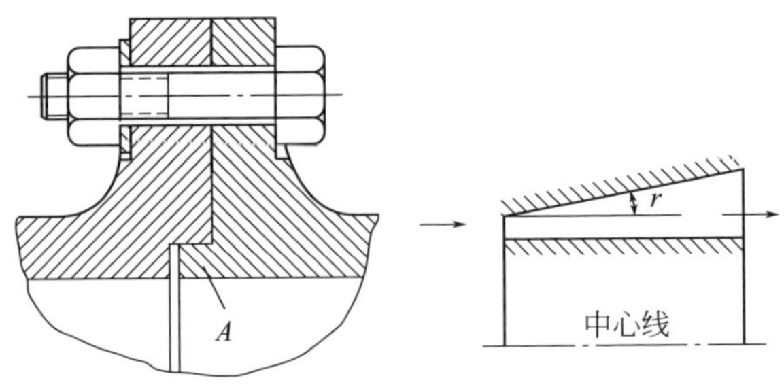

图 1-9　直线通道式扩压器示意图

工作转速低于一阶临界转速的称为刚轴，它要求临界转速高于最大工作转速 20% ～ 25%；工作转速高于一阶或二阶临界转速的称为柔轴。对于工作转速变化的转子，为使其工作转速范围避开临界转速，常常希望设计成刚轴。应指出，轮子的临界转速除与自身的刚性有关外，还与轴承处的支承刚性密切有关。对于用在车、船等运输机械上的燃气轮机，在工作时还要承受惯性力、陀螺力矩及冲击力等，对转子的强度和刚度提出更高的要求，要求其在这些力的作用下不仅强度足够且形变很小。此外，转子上各零件的连接应结实可靠，并准确地相互对中，以确保安全运行。

压气机转子的结构型式可分为鼓筒式、盘式、盘鼓混合式三种。盘鼓混合式按其连接方式的不同，又可分为焊接转子、径向销钉转子、拉杆转子等。另一种分类是把转子分为不可拆卸与可拆卸两类。在轴向装配式的机组中，若装拆压气机时要求转子解体的，就必须采用可拆卸转子，而且要求装拆方便，只有拉杆转子才有可能满足。

④ 压气机动叶　动叶是高速旋转的叶片，又称工作叶片，它把透平的机械功传给空气，是压缩空气的关键零件。动叶和静叶的好坏对整台机组有很大的影响，同时和机组的安全工作、尺寸、重量等均有很大关系。动叶使用的主要要求有：良好的气动性能、能高效率地压缩空气、有较高的机械强度、能承受巨大的离心力及其他引起的应力、在工作中能避免共振、或有良好的振动阻尼、加工方便、便于装拆等。

a. 叶身　叶身即叶片的型线部分。目前的叶型都是经过大量试验得到的，虽然具体的型线有多种，但都有着共同的特点，即叶型较薄，折转角 θ 较小（与透平叶型相比），这是由扩压流动的特点决定的。图 1-10 为压气机叶型示例。亚声速叶型进气边头部因角半径大些，最大厚度约在靠近进气边沿弦长的 1/3 处，出气边则较薄。而跨声速级的特点是进出气边均较尖，图 1-10（b）是目前用得较多的双圆弧叶型，叶型左右对称，进出气边端部圆角很小。

为符合气动要求，动叶沿叶高均设计成扭转叶片，以获得高的效率。为改善叶顶处的流动状况，有的还采用顶部中弧过弯结构（图 1-11），这时叶顶处内弧部分削去一部分材料，剩下的是很薄的叶尖，其折转角要比原来的叶型大。因此，叶尖部分的加功量增大，提高了壁面气流的能级，增大“唧送”作用，使壁面附面层延迟分离，扩大了压气机的稳定工作范围，有利于提高压比及效率。削薄叶顶还允许采用较小的径向间隙来减少漏气损失。

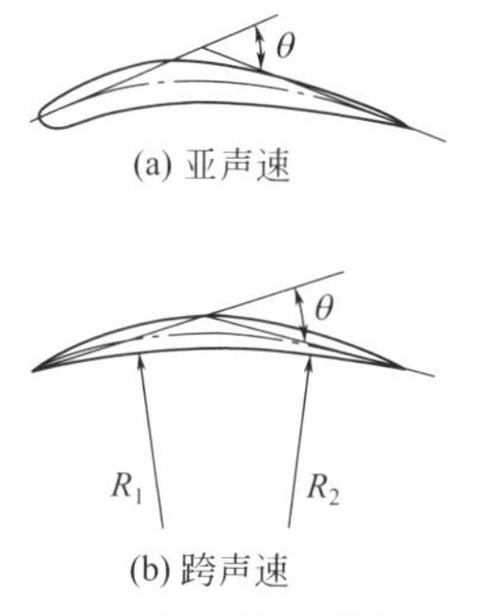

图 1-10　压气机叶型示例

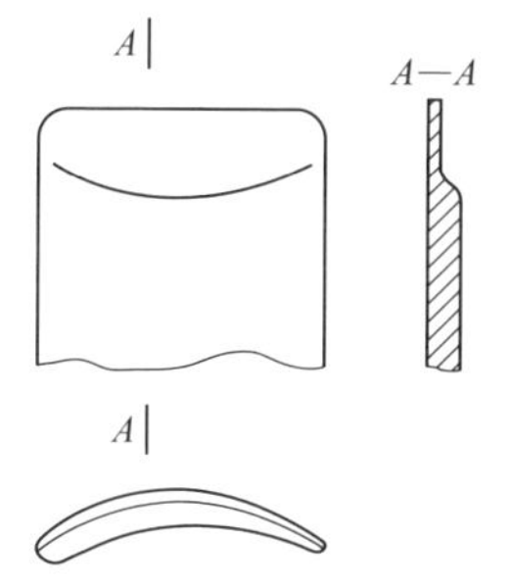

图 1-11　顶部中弧过弯结构

为降低叶型根部截面处的应力，以及使沿叶高的应力分布差别缩小，动叶都设计成沿叶高逐渐减薄的结构，有的还适当减小叶片弦长。沿叶高各截面的重心应在一条直线上，且希望该线与转子的辐射线不重合而有一夹角，它应偏向于背孤一侧，使工作时产生一离心力弯矩来同气动弯矩相抵消，这也减少了叶根截面处的应力。

由于叶片进口气流总是不均匀的，因而叶片要受到周期性变化的力的作用，此即激振力，它将使叶片振动。当激振力的频率和叶片的自振频率相重合时，叶片就要共振。在燃气轮机运行的事故中，叶片因振动发生裂纹甚至断裂的事故相当多，故设计时必须充分注意，应使叶片自振频率避开激振频率。对一些长的压气机叶片来说，由于叶片长而薄，振动应力大，在无法避免振动时应采取阻尼措施。在叶片上加装阻尼凸台是目前普遍采用的措施。图 1-12 为有阻尼凸台的叶片，当叶片装在轮盘上后，各叶片上的阻尼凸台相互靠着而形成一环状箍带，在叶片振动时，凸台接触面处发生高频摩擦而起减振作用。此外，阻尼凸台还同时作为叶片的辅助支点，以降低根部截面的弯曲应力。阻尼突台的

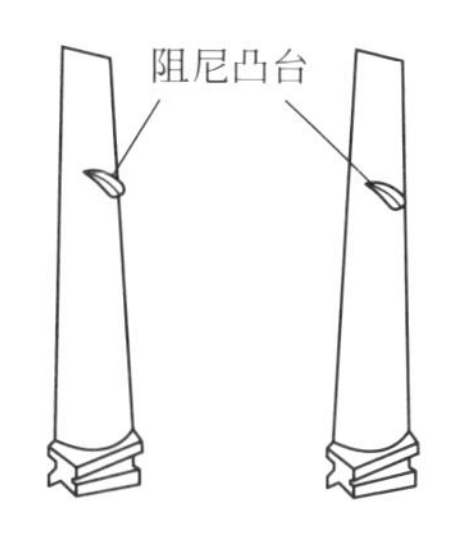

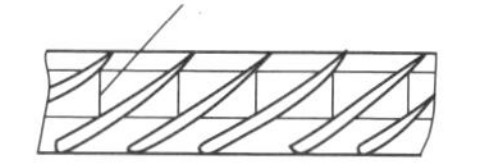

图 1-12　加装阻尼凸台的叶片

位置一般在叶高的一半以上，不少机组在2/3叶高左右。凸台的接触面应喷涂硬质合金以抗磨损，例如等离子喷涂碳化钨与纯钴。

某些压气机长叶片在工作时还会发生颤动，它是叶片在高速气流中产生的自激振动，对叶片的危害和强迫振动是一样的。但是，颤动不可能通过叶片调频、或改变激振力的频率来避开，而主要从气动特性改进的方法来设法消除。

目前，由于叶片精密成型工艺进展迅速，各种复杂形状的叶片均可得到且有质量保障，故设计叶片型面主要是考虑和满足气动及强度的要求，以获得良好的性能。但是，为了降低加工成本，工业型燃气轮机往往把相邻几级叶片设计成同样的型面，用顶截的办法来获得不同的动叶高度。于是，压气机就分成了几个级组，每个级组为同一种叶型，使整台压气机中只有几种叶型，减少了工艺装备，降低了制造成本。叶身的加工精度要求高，型面的偏差一般为0.05～0.15mm。叶片表面要抛光▽8以上，以获得光滑的流道和提高叶片表面的疲劳强度。

b.叶根　叶根是动叶与轮盘连接紧固之处，对它的要求是：保证连接处有足够的强度、集中应力小、对轮盘强度的削弱少；连接可靠、保证安装位置准确；便于加工、拆装方便。对航空机组来说，还要求叶根重量轻、尺寸小。压气机动叶的叶根，按其装配方式来说，有周向装入、轴向装入及插入式等几种。叶片装在轮盘的圆周向根槽中，常用于鼓筒式转子和焊接转子。叶根的型式有下列数种。

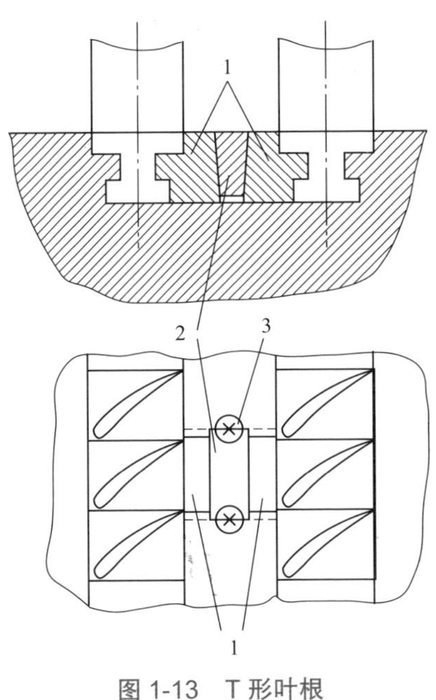

图1-13　T形叶根
1—锁紧块；2—楔块；3—骑缝螺钉

T形叶根（图1-13），这种叶根的结构较简单，加工较方便，但其承截面积较小，主要用于不太长的叶片。为使叶片能装入转子上的根槽中，必须在根槽上开专门的档口。如图1-13所示，把两相邻根槽之间铣出一燕尾形槽口，这两级叶片即可从该处装入转子的根槽中，然后把叶片推至需要的位置。在装入最后几片叶片之前，应先把锁紧块放入槽口内，在装入最后一片叶片后，将锁紧块推向两侧，中间打入楔块，再用骑缝螺钉把锲块固定在转子上。这种叶根结构的缺点是叶片装拆不方便。

齿形叶根（图 1-14），优点是承载面积比 T 形叶根增多，缺点是加工难度要大些。图 1-14 是在两动叶之间采用隔叶块的结构，用隔叶块使叶片装配简化。叶根及隔叶块的平行四边形，其短的一条对角线与根槽边的夹角 α 大于 90°，把叶片放入根槽后再按顺时针方向旋转，叶根就可和根槽相配合，之后再将叶片与已装好的相邻隔叶块推紧。隔叶块的装配也一样。当装至最后的隔叶块时，要采用图示的锁紧结构，即把隔叶块分为三块，先装入两旁的那两块，再打入中间楔块并冲铆，有时甚至焊住以确保可靠。当一个隔叶块的位置空着还不够装入一片叶片时，需要将最后两个隔叶块都做成相同的锁紧结构，多空一个隔叶块的位置来装末叶，在末叶装入后再锁紧隔叶块。因此，图 1-14 所示叶根结构不仅叶片装拆方便，且转子上不需开装叶片的槽口。但是，当叶根平行四边形的夹角 $\alpha \leqslant 90°$ 时，就无法将叶根旋转至和根槽相配合的位置，这时仍需开槽口，装配方法同 T 形叶根。

周向装入的叶根除上述两种外，还有燕尾形（图 1-15）和其他的型式。

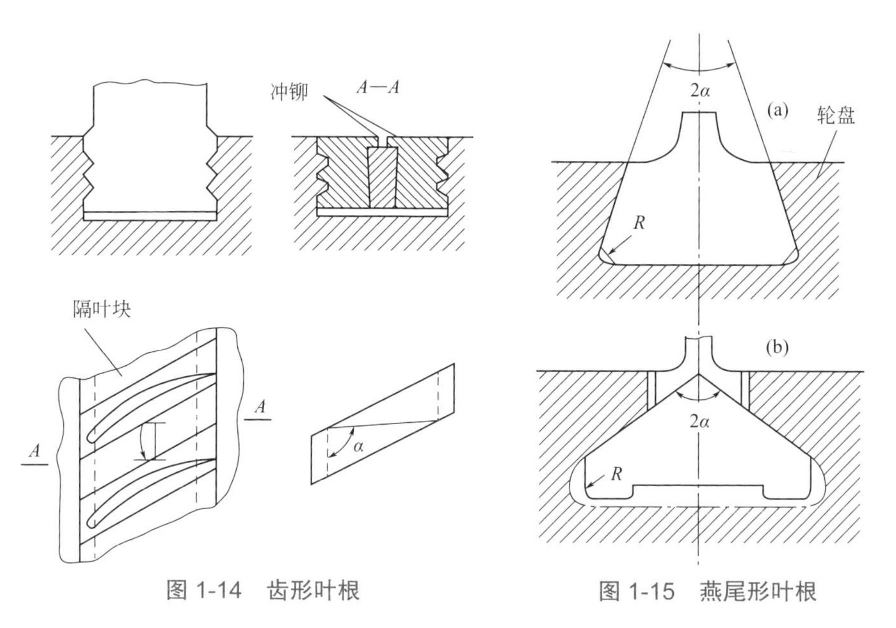

图 1-14　齿形叶根

图 1-15　燕尾形叶根

⑤ 气封　气封是减少漏气的装置，是压气机气流通道中不可缺少的部件。透平中用它来控制转子的冷却空气流量。气封的功能是减少漏气量，但在不同的应用部位，它的作用各有不同。

压气机的进气端的空气是被吸入的，即在进口导叶处的静压低于大气压力，因而该处转子和静子之间的间隙，将有空气被吸入。通常该处紧靠着轴承座，运行时将有油雾自轴承座中漏出，正好随空气被吸入压气机而粘在叶片表面，形成污垢使效率降低。因此，在该处应采取措施，不让有油雾的空气被吸入，常用的是气封封气装置，如图 1-16 所示。它从压气机中间某级引来一股比大气压力高的压力空气，在气封中气流分为两股，一股流入大气，另一股流至压气机进口回到通流部分中，这时含有油雾的空气就不会被吸入了，该封气装置中的气封，起着减少引来的压力空气消耗的作用。另有一种气封是把压力空气引到空腔中，然后一部分经轴端气封漏至大气，另一部分流回通流部分。这时在进口导叶底部与转子之间亦需装气封，以减少向通流部分的漏气。该种引气方式使 *A* 腔中的压力升高，变为引来空气的压力，同时起着平衡转子轴向推力的作用。当然，也有一些机组只是采用气封来减少被吸入的空气量，而不引气来封气或平衡轴向推力。但是，这时轴承座处的密封应采取措施，以防油雾漏出。

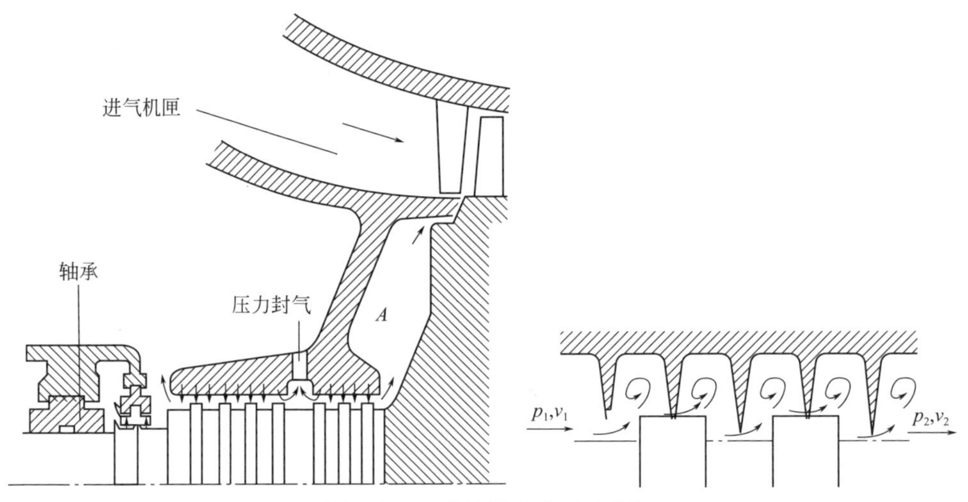

图 1-16　气封封气装置示意图

在压气机出口处是高压空气，需用气封来减少漏气。整体式结构的单轴燃气轮机，当转子采用两端支承时，该气封正好在压气机出口和透平进口之间，作用是控制流到透平去的冷却空气量。

有静叶内环的压气机，由于静叶出口侧的压力高于进口侧，故出口侧的空气要从内环与转子之间的间隙漏至进口侧。因此在静叶内环上要加气封，以减少漏气来提高效率。

⑥ 压气机喘振机理

a. 在压气机中发生喘振现象的原因　假如流经压气机的空气流量减小到一定程度，空气流量会忽大忽小，压力会时高时低，甚至会出现气流由压气机倒流到外界大气中去的现象，同时还会发生巨大的声响，使机组伴随有强烈的振动，这种现象通称为喘振现象。在机组的实际运行中，决不能允许压气机在喘振工况下工作。

那么，喘振现象究竟是怎样产生的呢？通常认为：喘振现象的发生总是与压气机通流部分中出现的气流脱离现象有密切关系。

当压气机在设计工况下运行时，气流进入工作叶栅时的冲角接近于零。但是当空气体积流量增大时，气流的轴向速度就要加大。假如压气机的转速n恒定不变，那么β_1和α_2角就会增大，由此产生了负冲角（$i<0$）。当空气体积流量继续增大，而使负冲角加大到一定程度，在叶片的内弧面上就会发生气流边界层的局部脱离现象。但是，这个脱离区不会继续发展。这是由于当气流沿着叶片的内弧侧流动时，在惯性力的作用下，气体的脱离区会朝着叶片的内弧面方向挤拢和靠近，因而可以防止脱离区的进一步发展。此外，在负冲角的工况下，压气机的级压缩比有所减小，那时即使产生了气流的局部脱离区，也不至于发展形成气流的倒流现象。

可是，当流经工作叶栅的空气体积流量减小时，情况将完全相反了。这时，气流的β_1和α_2角都会减小。然而，当β_1和α_2角减小到一定程度后，就会在叶片的背弧侧产生气流边界层的脱离现象。只要这种脱离现象一出现，脱离区就有不断发展扩大的趋势。这是由于当气流沿着叶片的背弧面流动时，在惯性力的作用下，存在着一种使气流离开叶片的背弧面而分离出去的自然倾向。此外，在正冲角的工况下，压气机的级压比会增高，因而当气流发生较大的脱离时，气流就会朝着叶栅的进气方向倒流，这就为发生喘振现象提供了前提。

试验表明：在叶片较长的压气机级中，气流的脱离现象多半发生在叶高方向的局部范围内（例如叶片的顶部）。但是在叶片较短的级中，气流的脱离现象却有可能在整个叶片的高度上同时发生。在环形叶栅的整圈流道内，可以同时产生几个比较大的脱离区，而这些脱离区的宽度只不过涉及一个或几个叶片的通道。而且，这些脱离区并不是固定不动的，它们将围绕压气机工作叶轮的轴线，沿着叶轮的旋转方向，以低于转子的旋转速度，连续地旋转着。因而，这种脱离现象又称为旋转脱离（旋转失速）。当压气机在低转速区工作时，经常会出现旋转失速现象。它最严重的后果是会使叶片损坏，从而有可能使整台压气机被破坏。

通过以上分析可以看到：气流脱离（失速）现象是压气机工作过程中有可能出现的一种特殊的内部流动形态。只有当空气体积流量减少到一定程度后，气流的正冲角就会加大到某个临界值，以致在压气机叶栅中，迫使气流产生强烈的旋转失速流动。那么，在压气机中发生的强烈

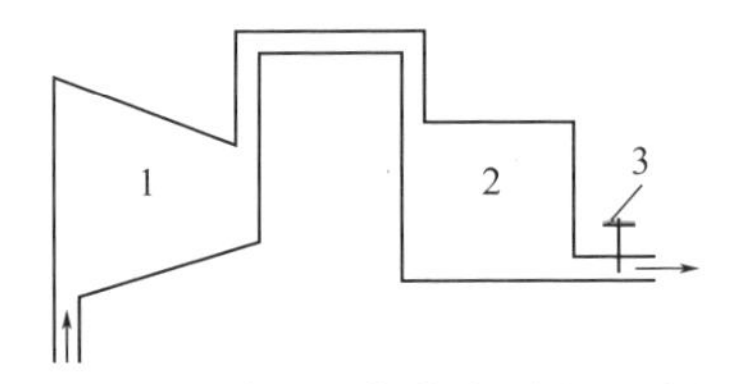

图 1-17　喘振现象发生过程示意图

1—压气机；2—工作系统；3—阀门

旋转失速为什么会进一步发展成为喘振现象呢？

下面用图 1-17 来简单地说明一下喘振现象的发生过程。假如压气机 1 后面的工作系统 2 可以用一个容积为 V 的容器来表示。流经压气机的流量可以通过装在容器出口处的阀门 3 来调节。那么，当压气机的工作情况正常时，随着空气体积流量的减少，容器中的压力就会增高。但是，当体积流量减少到一定程度时，在压气机的通流部分中将开始产生旋转失速现象。假如空气的体积流量继续减小，旋转失速就会强化和发展。当它发展到某种程度后，由于气流的强烈脉动，就会使压气机的出口压力突然下降。这时，容器中的空气压力要比压气机出口的压力高，这将导致气流从容器侧倒流到压气机中去；而另一部分空气则仍然会继续通过阀门流到容器外面去。由于这两个因素的同时作用，容器的压力就会立即降低。假如当时压气机的转速恒定不变，那么随着容器压力的下降，流经压气机的空气体积流量就会自动地增加上去；与此同时，在叶栅中发生的气流失速现象逐渐趋于消失，压气机的工作情况将恢复正常。当这种情况持续一个很短的时间后，容器的压力会再次增大，流经压气机的空气流量又会重新减少，在压气机通流部分中发生的气流失速现象又会再现。上述过程就会周而复始地进行下去。这种在压气机和容器之间发生的空气流量和压力参数的时大时小的周期性振荡，就是压气机的喘振现象。

总之，在压气机中出现的喘振现象是一种比较复杂的流动过程，它的发生是以压气机通流部分中产生的旋转失速现象为前提的，但也与压气机后面的工作系统有关。试验表明：工作系统的体积越大，喘振时空气流量和压力的振荡周期就越长。而且对于同一台压气机来说，如果与它配合进行工作的系统不同，那么，在整个系统中发生的喘振现象也就不完全一样。

喘振对压气机有极大的破坏性，出现喘振时，压气机的转速和功率都不稳定，整台发动机都会出现强烈的振动，并伴有突发的、低沉的气流轰鸣声，有时会使发动机熄火停车。倘若喘振状态下的工作时间过长，压气机和燃气涡轮叶片以及燃烧室的部件都有可能因振动和高温而损坏，所以在燃气轮机的工作过程中决不允许出现压气机的喘振工况。喘振和旋转失速是两种完全不同的气流脉动现象。喘振时通过压气机的流量会出现较大幅度的脉动；而旋转失速则是一种绕压气机轴旋转的低流量区，那时通过压气机的平均流量是不变的。

当压气机在低于设计转速的情况下工作时，在压气机的前几级中将会出现较大的正冲角，而后几级中却会形成负冲角。因而当空气流量降低到某个极限时，在压气机中容易发生因前几级出现旋转失速而导致的喘振现象。反之，当压气机在高于设计转速情况下工作时，压气机的后几级中则会发生正冲角，那时喘振现象多半是由于发生在后几级中的旋转失速现象引起的。

对压气机的喘振现象可以归纳出以下几点结论：

（a）级压缩比越高的压气机、或者是总压缩比越高和级数越多的压气机，就越容易发生喘振现象。这是由于在这种压气机的叶栅中，气流的扩压程度比较大，因而也就容易使气流产生脱离（失速）现象。

（b）多级轴流式压气机的喘振边界线不一定是一条平滑的曲线，而往往可能是一条折线。据分析认为，其原因可能是在不同的转速工况下，进入喘振工况的级并不相同。

（c）在多级轴流式压气机中，因最后几级气流的旋转失速而引起的喘振现象会更加危险，因为那时机组的负荷一定很高，而这些级的叶片又比较短，气流的失速现象很可能在整个叶高范围内发生，再加上当地的压力又高，压力的波动比较厉害，因而气流的大幅度脉动就会对机组产生非常严重的影响。

（d）进排气口的气流流动越不均匀的压气机就越容易发生喘振现象。

b. 防止压气机发生喘振现象的措施　目前防止发生喘振现象的措施有以下六个：

（a） 在设计压气机时应合理选择各级之间流量系数，力求扩大压气机的稳定工作范围。

（b）在轴流式压气机的第一级，或者前面若干级中，装设可转导叶的防喘设施，当流进压气机的空气流量发生变化时，关小或开大可转导叶的安装角 r_p，就能减小或消除气流进入动叶时的正冲角，从而达到防喘的目的。由于在低转速工况下，压气机的前几级最容易进入喘振工况，因而通常总是把压气机的第一级入口导叶，设计成可以旋转的。采用可转导叶的措施不仅可以防止压气机的第一级进入喘振工况，而且还能使其后各级的流动情况得到改善。因为当压气机动叶中气流的正冲角减小时，级的外加功量就会下降，也就是说，在压气机第一级出口处，空气的压力比较低，这样就可以增大流到其后各级中去的空气体积流量，使这些级的气流冲角适当减小，因而有利于改善这些级的稳定工作特性。

（c）在压气机通流部分的某一个或若干个截面上，安装防喘放气阀。

（d）鉴于机组在起动工况和低转速工况下，流经压气机前几级的空气流量过少，以致会发生较大的正冲角，而使压气机进入喘振工况，于是研究者设想在容易进入喘振工况的某些级的后面，开启一个或几个旁通放气阀，迫使大量空气流过放气阀之前的那些级，那么就有可能避免在这些级中产生过大的正冲角，从而达到防喘的目的。

（e）合理地选择压气机的运行工况点，使机组在满负荷工况下的运行点，离压气机喘振边界线有一定的安全裕量。

（f）把一台高压比的压气机分解成为两个压缩比较低的高、低压压气机，依次串联工作；并分别用两个转速可以独立变化的涡轮来带动的双轴（转子）燃气轮机方案，可以扩大高压比压气机的稳定工作范围。

总之，通过以上六个措施，可以防止在压气机中发生具有破坏性的喘振现象，有利于扩大整台机组稳定工作的范围。

（5）燃烧室基本结构及原理

燃烧室是组成燃气轮机的又一个主要部件，燃烧室的功能是保证压气机提供的高压气流与外部燃料系统注入的燃料充分混合燃烧。燃烧室结构通常由下列部件组成：外壳、火焰管、火焰稳定器、燃料喷嘴、点火设备和观察孔等。燃烧室的型式按布置方式划分，可有分管型、环形、环管型、管头环型、双环腔型和圆筒型等型式。从气流通过燃烧室的流程来划分，又可分成直流式、回流式、角流式和旋风式等。

对于典型的“管式”燃烧室，工作原理如图1-18所示，大多数工业燃气轮机以圆周方向排列不同数目的火焰筒（管）的形式使用这种形式的燃烧室，航改型燃气轮机已从这种设计演变到一种单环燃烧室，多个燃料喷嘴沿圆周方向均匀分布，全部等压燃烧的燃气轮机的燃烧室均依据同样的原理工作。

为了使系统能有效地工作，燃气轮机的燃烧室必须具有三个主要的功能：

① 保护燃烧室外机匣免受对流的和辐热的传热，这是因为该机匣是一个压力容器。

② 减少空气速度到使火焰能稳定的量级。

③ 在热燃气冲击到涡轮静止的和旋转的组件的部件上以前，把燃烧产物稀释到可接受的温度。

当发动机正以满负荷运行时，在火焰的顶部（末端）接近3200 ℉，在燃烧室结构内的金属材质无法承受在这一范围内的温度。所以，在燃烧室内壁和外壁之间提供空气流通通道，流入内室的空气通过小孔被引导，使火焰在燃烧室内成形，防止它与燃烧室（火焰筒）壁接触，进入燃烧室的82%空气流用于冷却和火焰成形，仅仅18%被用于燃料燃烧。

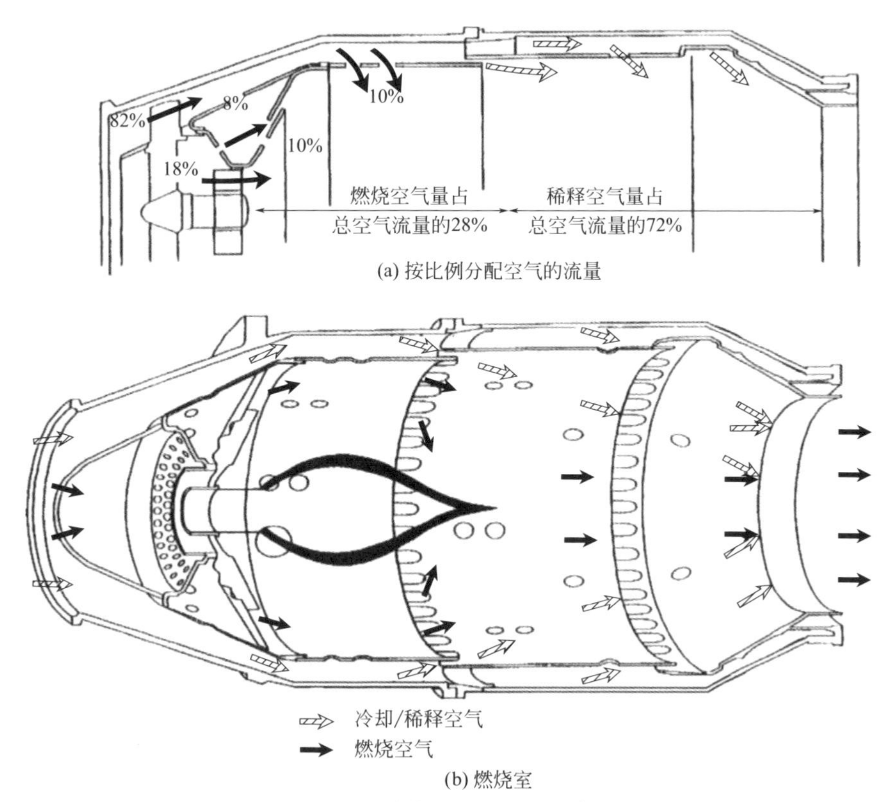

(a) 按比例分配空气的流量

(b) 燃烧室

图 1-18 燃烧室工作原理示意图

在设计条件下，燃烧室内火焰的稳定性是极为重要的，当火焰锋面以高的频率前进和后退时，发生不稳定的火焰。这引起一个压力波系，该波系将加速涡轮热部分的机械疲劳破坏，通过设计可以避免出现这种情况。从图 1-19 中可以看到，如果燃烧室被限定在稳定性回路内的质量流量和空气 / 燃料比的整个范围内运行，则火焰将稳定运行，该回路的边界同时指示了出现不稳定性的条件。

（6）透平叶片基本结构及原理

透平叶片是燃气轮机的又一主要部件，它的功能是将高温高压燃气中的能量转变为机械能，其中约 3/5 ～ 2/3 的能量用以带动空气压气机压缩空气，其余的能量则作为燃气轮机的输出功率以带动负载。

透平叶片分成向心式、轴流式等。由于向心式结构复杂，而且单级功率有限又难以串接多级，所以实际使用的机组主要采用轴流式燃气涡轮发动机。其特点是功率大、流量大、效率高。向心式透平是一种径流透平，主要在一些小功率燃气轮机中应用。相对于压气机来说，透平的一个显著不同是工作气体温度高。目前，工业用燃气透平机透平进口燃气温度约为 900 ～ 1100℃，而航机还要高，最高已在 1400℃以上。另一

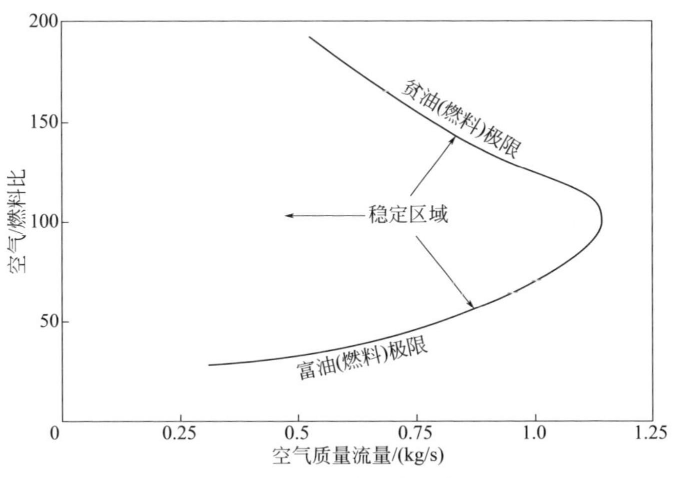

图 1-19　稳定性回路示意图

个不同是透平级中能量转换大，如有的透平的中焓降高达 75kcal/kg，因而透平级的气动负荷大，整个透平的级数少。一些小功率燃气轮机的透平只有 1 级，而大多数燃气轮机的透平则为 2 ～ 4 级，多的达 5 ～ 7 级，本项目所使用的为 4 级透平。多数透平的通流部分，通常用的是等内径或等平均直径，或与该两者相近的流道，等外径的则应用较少。

与压气机相类似，气流在透平中流动的通道也是由静叶片和动叶片交替排列而成的。虽然压气机和透平都是由动、静叶片组成，但二者本质上是不同的，压气机的动、静叶片组成一个沿轴向逐渐收缩的通道，使空气由外界吸入后逐级被压缩，而透平的动、静叶片组成一个沿轴向逐渐扩张的通道，使高压、高温燃气在这个通道中逐级膨胀做功。由于透平的工作温度相比压气机的工作温度要高得多，所以透平的结构设计上在考虑冷却、热膨胀等问题上要做出特殊处理。一般地说，透平进口的几级动静叶采用一定的冷却措施，尤其是与燃烧室出口相连的首级燃气涡轮静叶。一般都在结构设计上在压气机的某一级出口处引出部分压缩空气到燃气涡轮发动机作为冷却空气，用于冷却透平叶片、叶片轮盘等热部件。

① 透平静叶　透平静叶又称喷嘴，在航机中叫做导向叶片，它的作用是使高温燃气在其中膨胀加速，把燃气的内能转化为动能，然后推动转子旋转做功。

工作时，透平静叶所处的条件是很恶劣的，最主要的是被高温燃气所包围，特别是第一级静叶，所接触的温度最高，且温度差别最大。在起动和停机，它又是受到热冲击最为厉害的零件。因此，要求静叶必须满足以下要求：a. 耐高温、耐热腐蚀；b. 耐热冲击；c. 耐热应力；d. 足够的刚度和强度。

耐高温和耐热冲击首先是靠材料的性能来保证。目前，工作温度在800℃以上的耐高温的静叶，国外广泛采用铸造钴基合金，它不仅有好的高温机械性能和好的抗热腐蚀性能，还有好的抗热疲劳性能，而且铸造工艺性能好。透平静叶广泛采用精铸叶片，在它的叶身两端整体铸有外缘板和内缘板，在它们上面还有安装边。内外缘板和安装边的作用是安装固定静叶，以及把燃气与安装它的零部件隔开。为减少叶身的热应力，对处于高温部件的静叶，通常采用空心铸造叶片。空心叶片的叶身材料显著减薄，厚度趋于均匀，使叶身的热应力降低，并且还提高了抗热冲击的能力。由于工作温度高和温度场的不均匀，静叶在叶片刚度不够时较易发生扭曲和弯曲变形，单片静叶的刚性较差，在运行时易发生故障，采用由多片静叶组成的静叶组，则静叶的刚性明显增强，从而可有效地避免故障。

目前，静叶的固定方式有直接固定方式，这种方式虽然结构简单，但却存在着重大缺陷，即透平气缸直接与燃气相接触，因而气缸工作温度高。随着燃气初温的不断提高，上述缺点越来越突出，因而被淘汰了。目前透平静叶的固定方式最常采用持环结构。持环又称隔板套，是专门安装固定静叶的零件，静叶安装在持环上，持环再固定在气缸上。

② 透平动叶　透平动叶是把高温燃气的能量转变为转子机械功的关键部件之一，工作时，动叶不仅被高温燃气所包围，且由于高速放置而产生巨大的离心力，同时还承受着气流的气动力，以及较多作用力可能引起的振动等。当燃气温度不均匀时，将使动叶承受周期的温度变化，这在第一级动叶中较明显。此外，动叶还要承受高温燃气引起的腐蚀和侵蚀，因而透平动叶的工作条件是很恶劣的，它是决定机组寿命的主要零件之一。

透平动叶是用耐热材料的锻造毛坯经过机加工得来，近来，由于铸冶铸造工艺及耐高温的镍基铸造合金的发展，透平现已大多数采用精铸动叶，用空气内部冷却。精铸叶片不仅比锻造挤压叶片的工艺简单，且能获得复杂的内部冷却空气流道的形状，增强冷却效果，因而优点甚为显著。通常，用无裕量精铸得到的叶片，叶身只需抛光即可，叶根由于精度要求高还需经加工得到。动叶的基本结构为叶身扭转，顶部带冠，根部是带“工”字形长柄的纵树形叶根，在叶根两侧和叶冠上有气封齿。由于透平中能量转换大，即气流速度高且转弯折转大，故相对于压气机叶型来说，透平叶型厚且折转角大，就透平自身的叶型来说，由于级中反动度的不同，分为冲动级和反动级，冲动级的焓降要比反动级的大，故冲动级的叶片更为厚实，折转角更大。透平动叶的叶冠全部拼合起来，就会在叶顶处形成一个环带，将燃气限制在叶片流道内流动，有利于提高透平的效率，其次可以对透平振动起阻尼作用。

③ 透平冷却系统　从燃气轮机的工作原理可知，燃气初温对机组效率有很大影响，燃气初温高时效率高。目前，研究者从两个方面来不断提高燃气初温。一是不断研制新的耐高温的合金材料，二是采用冷却叶片并不断地提高其冷却效果。

对叶片冷却的方法有两类，一是以冷却空气吹向叶片外表进行冷却，二是把冷却空气通入叶片内部的专门流道进行冷却。叶根间隙吹风冷却就是外表冷却，它对叶根的冷却很有效，而叶身则是通过叶片本身的热传导把热量传至叶根而被冷却，故只有在靠近叶根处的叶身能得到一定冷却，其余部分叶身的冷却效果很差而接近于无。这种冷却，一般可使叶身的根部截面温度比该处的燃气温度低 50 ～ 100℃。把空气引入叶片内部的冷却方式，则能使叶片沿整个叶高都得到冷却，且可获得降温 100℃以上乃至数百摄氏度的冷却效果。因而叶片内部冷却，能有效地提高燃气初温。

图 1-20 为 GE 公司 MS9001 燃气轮机透平冷却系统图，该机组的燃气初温基本负荷时 1004℃，尖峰负荷时可达 1065℃，其一级静叶和动叶为冷却叶片。该透平上装有一个持环和三列分段护环，第一级静叶装在持环上，另两级静叶则装在护环上，气缸与燃气完全隔绝。外围拉杆结构，在三级轮盘之间的两个小轮盘外缘加工有气封槽，其一端侧面加工有多条均布槽道以通过冷却空气。各级动叶均用“工”字形截面的长柄纵树形叶根。

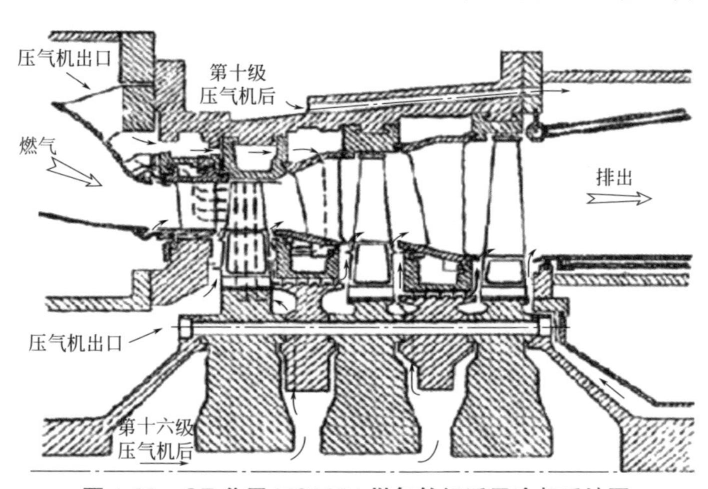

图 1-20　GE 公司 MS9001 燃气轮机透平冷却系统图

该机组的压气机共十七级，按照透平冷却部位所需压力的高低，冷却空气自压气机的不同处引来，气缸及静叶的分两股，转子的分三股。静子冷却的第一股空气自压气机出口，经燃烧室的燃气导管周围空腔引来。其中一部分流入持环，再流入一级静叶内部冷却后，自静叶出气边的小孔排至主燃气流中。另一部分经一级动叶的护环流入二级静叶顶部空腔，再经二级静叶内的孔道流至静叶内环，对一级轮盘出气侧和二级轮盘进气侧进行冷却。第二股冷却空气自压气机第十级后引来，至气缸上均布的一圈孔道对气缸进行冷却。

转子的冷却空气，分别引至其进气侧、转子内部、排气侧。进气侧处空气自压气机出口引来，用轴向间隙中的气封来控制其流量。出气侧面引来的是一股低压冷却空气。转子内部的冷却空气，自压气机第十六级后引来，经转子上的孔流入转子中间，大部分经第一个小轮盘的流道流至一级动叶根部，进入动叶内部冷却后自叶顶排至主燃气流中。另一部分经第二个小轮盘的流道，去冷却二级轮盘的出气侧及三级轮盘的进气侧。

从上述结构看出，该透平的气缸不仅与燃气隔绝，且得到了良好的冷却。静子的其他部件，如持环和前两列护环也都得到了冷却。而转子由于各级轮盘的所有表面全部被冷却空气所包围，与燃气隔绝，也得到了良好的冷却。

1.2.3.3 燃气轮机压缩机简介

燃气轮机压缩机是具有高速旋转叶轮的动力式压缩机。它依靠旋转叶轮与气流间的相互作用力来提高气体压力，同时使气流产生加速度而获得动能，然后气流在扩压器中减速，将动能转化为压力能，进一步提高压力。在压缩过程中气体流动是连续的。燃气轮机压缩机是在通风机的基础上发展起来的，它广泛用于各种工艺过程中输送空气和各种气体，并提高其压力。经过多级组合，也可以有中间冷却的多段组合，甚至多缸组合压缩获得气体所需要的最终压力。按气体流动方向的不同，燃气轮机压缩机主要分为轴流式和离心式两类。在轴流压缩机中，气体近似地沿轴向流动。在离心压缩机中，气体主要沿着径向流动。燃气轮机压缩机主要性能参数是流量、排气压力、功率、效率和转速。当减小流量至某一工况时，压缩机和管路中气体的流量和压力会出现周期性低频率、大振幅的波动，这种不稳定现象称为喘振。一旦发生喘振，机组就会产生强烈振动，如不及时防止或停车，机组便会毁坏。把不同转速下的喘振工况点连接起来的曲线称为喘振线，它表示喘振不稳定工作区的界限。喘振工况点到同转速下阻塞工况点的范围称为稳定工况区，压缩机必须远离喘振线而在稳定工况区工作。为了防止喘振，一般采取防喘振措施，例如放气或回流以增加进口流量，把静叶（导流器叶片）做成可以调整角度的形式。用压缩机的目的是利用它的增压功能，将海底天然气增压，通过海底管线输送到终端。

燃气轮机压缩机包括的主要系统有：变频启动系统、燃料气系统、控制系统、空气压缩系统、滑油系统、干气密封系统等。主要组件有：透平发动机、动力输出轴、离心式燃气轮机压缩机、进排气系统以及仪表盘等。

（1）燃气轮机压缩机的工作原理

燃气轮机压缩机压缩驱动轴，与透平发动机的动力轴通过轴间连接直接连接。通过离心压缩机轴带动叶片转动，带动天然气在惯性力作用下做离心运动，从而获得动能和压力势能。当天然气通过叶轮和扩散器狭窄区时，天然气流动方向发生 180° 的转变，从而使天然气的部分动能又转换为天然气的压力势能，经多级转换后通过排出口排出离心机，此过程的原理为文丘里效应。

天然气通过离心机后压力的升高2/3来自离心叶轮的离心运动，1/3来自扩散器-固定式（文丘里）的速度-压力转换的贡献。

进口导向叶片、叶轮和扩散器组合在一起便组成了离心机的一级。单级的压缩能力是有限的，要获得高的压力，必须配多级离心压缩机。

（2）离心压缩机的喘振

通过改变压缩机两端的压差或改变压缩机的功率，来改变和控制通过压缩机的介质流量。当压力或功率恒定时，流量减小到一定值以下，离心机的稳定运转就不可能维持，这就是通常所说的喘振极限点。压缩机喘振将造成叶轮片和天然气之间的强烈相互作用，天然气就会像飞机机翼在低速时发生剧烈振动一样，在空气动力学上处于不稳定的状况。叶轮再也不能提供用来克服系统回压所需的足够能量，而且暂时的倒流现象将会发生。在喘振过程中伴随着大范围的流速和压力 / 温度的变化，因此，压缩机在喘振状态下运转将会极其不利，因为天然气的高温和反向冲击将对机器造成深远的损坏。

假如压缩机在给定速度下运转，在诸如排出管线压力过高的情况下，流量将会受到限制，从而导致排出压力升高，压缩机处理量下降。此时压缩机不能产生足够高的压头来把天然气排出到管线去，将会停止向前流动。由于高的排出压头回流很快产生，直到排出压力下降到压缩机能提供足够的压力，使气体向前流。压缩机的回流发生速度是非常快的，并且维持到压缩机的排出口压力得到改善或停机。

（3）离心压缩机的轴承及密封系统

离心机的轴承密封是靠密封气、双区迷宫密封、缓冲区的隔离气、控制槽密封油密封来完成。

迷宫回环圈密封，在所有内部转动部件靠近的间隙点提供密封来减少内部介质的泄漏，由于存在稍微的磨损，因此此密封为自洁型的。静止部件为钢板支撑的铅基合金铸件。所有轴承的轴颈都是多级的、倾斜垫片型设计，倾斜垫片型轴承材质为铅壳钢，可以防止滑油在任何转速下的抽动，而且在维修时不用从壳箱拆下转子便可拆下密封部件。

位于吸入段轴承和密封装置之间的止推轴承用来承受轴向的载荷。止推载荷加在了止推轴颈和止推滚珠之间的油膜上。止推载荷是由于叶轮的旋转造成其前后面压力不同而产生的，随压差的增加，朝向压缩机吸入端的止推载荷将会增加。止推力靠压缩机排出端的平衡活塞来平衡，平衡活塞用一个面来感知排出压力并产生相反的作用力于止推部件上。

主轴油封（控制槽油封）由钢圈支撑的碳圈封闭在压缩机内，在两个油封之间的压力可以比压缩机吸入端压力高20psi（1psi=6.9kPa），其密封油可以通过轴和密封件之间的间隙渗透。密封件的较大面一侧的排出压力为大气压力，且大部分的密封油都通过这一密封区域，内侧窄面的排出压力稍高于天然气吸入端的压力，一次仅有一小部分滑油通过密封部件内径和轴面。滑油和流过靠近油封的迷宫圈的空气混合。缓冲气阻止密封机油流向压缩机，缓冲气由压缩机排出端的平衡活塞上的迷宫密封圈泄漏而提供，通过机组内部管线流向密封装置后面。

如上所述，密封油压力通常高于压缩机吸入口压力20～25psi，因此缓冲气压力只要稍高于密封滑油压力即可。密封油和缓冲气的混合物靠中立杯排放到凹槽中，在此进行油气分离，油进滑油罐，气返回压缩机吸入接口。

（4）燃气轮机压缩机密封系统构件

① 辅助密封油泵　辅助密封油泵安装紧挨着辅助滑油泵，可以由气动马达或电动马达驱动。此泵为转动、活塞、齿轮泵，通过花键与驱动马达相连。通常情况下，在转速为1750r/min，泵的排量为10gpm（$1gpm=6.3\times10^{-5}m^3/s$）。

② 主密封油泵　主密封油泵位于辅助驱动箱内，是一个齿轮型活塞泵，在发动机额定转速2000r/min下排量为10gpm，密封油在压力1500psi下被输送到密封油压差调节阀。

③ 密封油过滤器　孔径为10μm的密封油过滤器位于密封油泵的下游，如果滑油过滤器阻塞时，打开泄放阀旁通过滤器。

④ 密封油调节器　密封油系统也配一流量调节阀，来维持通过密封油差压调节器恒定的流量，不管压力是否被旁通或是进入调节过的管线。

⑤ 缓冲器差压调解器　缓冲器压差调节器是一个通常关闭的、弹簧加力的、活塞和套筒型的泄压阀，通常用来维持密封缓冲气的压力大于吸入口管线压力30psi。

缓冲气通过作用在活塞上的力来打开阀，此力与吸入管线压力和阀弹簧压力来维持所需的压差，此阀没有外在调节装置。

1.2.3.4 燃气轮机发电机简介

燃气轮机发电机，是由汽轮机或燃气轮机驱动的发电机，与锅炉、汽轮机合称火电厂的三大主机。现代的透平发电机都是三相交流同步发电机，它利用电磁感应原理，将汽轮机或燃气轮机的机械能变为电能输出。透平发电机包括的主要系统有：变频启动系统、燃料气系统、控制系统、空气压缩系统、滑油系统、干气密封系统等。主要组件有：透平发动机、动力输出轴、发电机以及仪表盘等。

海上燃气轮机发电机的设计符合海上生产环境，符合甚至超过NEMA（national electrical manufacture’s association，美国电气制造商协会）标准。发电机的绝缘等级为F级，适合湿度高、多盐的环境。发电机的轴承为轴套式轴承，允许主轴有轴向移动，采用轴肩与轴承来限制主轴的轴向移动距离。在机组的运转期间，在发电机转子和定子之间磁场力的作用下，发电机的主轴位于轴承的中心线上。在启动和停机的过程中，磁场力不存在。因此，如果发电机在安装时不在同一水平面，在机组启动或停机时，在重力的作用下，主轴有可能被脱离磁场中心，引起轴承的损坏。为了防止发电机转子轴向位移超过其允许值而引起轴承的损坏，在减速齿轮箱和发电机之间采用限制末端浮动联轴节。

燃气轮机发电机运行的影响因素包括进气温度、进气压力、大气湿度、燃料成分、启动频率以及负荷等。

（1）进气温度影响分析

燃气轮机是恒体积流量的动力设备，流过的空气质量取决于空气密度，气温越高密度越低，致使吸入压气机的空气质量流量减少，机组的做功能力随之变小，即说明燃气轮机带载能力会随环境温度升高而下降。同时随着吸入空气的温度升高，压气机的耗功量也会升高，两者成正比关系，此时燃气轮机的净出力减小。在燃气轮机的实际运行中，随着大气温度的升高，燃气轮机出力和效率都会有所下降。

燃气轮机标定的带载能力通常是基于ISO标准状态，具体为：环境温度15℃，在标准大气压力下和60%的相对湿度。然而，海上平台昼夜温差达10℃，季节温差达40～50℃，海上石油平台上的燃气轮机机组不可能总在设计工况下运行。因此，在海洋运行条件下，随季节、昼夜和地区的变化，大气温度对燃气轮机工作有明显影响。

以索拉MARS90机组燃气轮机为例，环境温度降低10℃，其机组功率约增大 6% 左右，热耗率降低约 1% 左右。

空气密度的计算公式为：

$$\rho=pM/RT$$

式中，p 为标准大气压，101325Pa；M 为空气的摩尔质量，29g/mol；R 为气体常数，8.314J/（mol·K）；T 为热力学温度。ISO 标准状态下，即机组进气温度为 15℃（288K）时，经计算空气密度为 1.227kg/m^3，根据海上平台夏季环境温度情况，当进气温度为 35℃（308K）时，空气密度为 1.147kg/m^3。

这说明，燃气轮机在夏季运转，进气温度为 35℃时，相对于 ISO 标准状态，单位时间内燃气轮机机组少吸入了约 6.94% 的工质，投入相应的燃料后，燃机的总带载能力将降低 6.94%。

从仿真结果看，大气温度对燃机的影响较大，其中透平排烟温度随温度的变化是相反的，当大气温度升高，排温升高，其他特性参数，如燃机的比效率、最大功率、比油耗随之下降，温度降低 10℃，其机组功率约增大 7% 左右，效率升高 3%。

（2）进气压力影响分析

大气压力的变化直接影响空气的比热容，进而影响进入压气机的空气质量流量和输出功率。当大气压力增加时，空气的比热容下降，其质量流量增加，从而增加了机组的输出功率。也就是说，随着大气压力的降低，空气将变得稀薄，在压气机吸入空气容积流量不变的前提下，燃气轮机的进气质量流量将会相应减少，因而导致燃气轮机的功率下降。

燃气轮机的进气装置一般分为两种，一种为侧向进气，另一种为后向进气。由于系统中存在管道、弯管、变截面缩管、百叶窗、空气滤清器及消声器等非规则的通道部件，而且燃气轮机进气系统尺寸较大，工作时需气量也大，空气流速较高，在进气流道中一般会形成湍流运动。由于湍流运动中流体质点的运动轨迹极不规则，流体互相剧烈掺混，同一空间点处的流动参量如速度、压强变化剧烈，呈现非定常流动特点。

在进气系统中既有沿程损失，也有局部损失。沿程阻力损失主要是由于流体黏性带来的各流层内部及流体与壁面间的摩擦等耗散现象引起的机械能损失。一般在海上燃气轮机的进气流阻损失中占 20%，它与管道长度 L、管壁粗糙度 Δ 和沿程阻力系数 λ 等有关。

局部阻力损失是指流体流经固体边壁发生急剧变化的区域时，如截面突然扩大或缩小、管道转弯等，流体微团将相互碰撞并产生涡流，使流体内部状态发生变化及重组，从而引起单位质量流体在该局部区域较大的机械能损失。

（3）大气湿度影响分析

海上石油平台燃气轮机在海上运行，吸入的空气中含有水分，水分的多少可用相对湿度来衡量。相对湿度指空气中水汽压与饱和水汽压的百分比，即湿空气的绝对湿度与相同温度下可能达到的最大绝对湿度之比，也可表示为湿空气中水蒸气分压力与相同温度下水的饱和压力之比。

大气湿度的变化会对燃气轮机的性能及其工作特性有一定的影响，其物理本质是湿度使进入燃气轮机的空气的物理性质发生了变化。海上石油平台燃气轮机的进气在常温常压下仍可以视为理想气体，但热物理性质（定压比热容 C_p、气体常数 R 等）与干空气不同，对燃机热力过程产生的影响不可忽略。

按全球大气标准，地面大气最大含湿量可达 0.035kg 水蒸气 /kg 干空气。湿空气中水蒸气的分压力 p，与同一温度同样压力下饱和湿空气中水蒸气分压力 p_s（t）的比值，称为相对湿度 φ。

混有水蒸气的湿空气比干空气的气体常数和比热容大，使得燃气发生器的出口气流速度增大，导致燃气轮机的输出功率增大；当混入湿空气的湿度增加时含湿量也随之增加，其密度下降，通过燃烧室中的空气流量减少，相对湿度越大时参加燃烧的空气量相对减少得就越多，向燃烧室喷入的燃油量也相对减少得多，从而导致机组的功率下降，这是湿度对功率产生影响的两个方面。

（4）燃料成分影响分析

实际海上石油平台上的燃气轮机所采用的燃料往往是“就地取材”的，虽然利用海上采油气平台在正常生产中采集到的天然气来供给燃气轮机消耗可以避免采油平台远离陆地、燃料运输过程中带来的不便和危险以及高昂的运输费用等问题，但是由于采集到的燃料成分十分复杂，如果里面有凝结的液体碳氢化合物（轻烃），并进入燃气轮机的燃料系统，将造成高温烟气通道部件寿命的损耗。如果碳氢化合物被带进的数量非常小还可以承受，但是在极端的情况下，带进的液体碳氢化合物会使高温烟气通道的硬件暴露在极端的过高温度条件下，并明显地减少高温烟气通道部件的寿命和修理间隔期。

在燃气轮机工业应用中，天然气以其最低的辐射能、极少的杂质含量而一直作为传统的燃料，但由于天然气在供应及价格上的缺点使它的应用受到限制。由于氢碳含量较高的甲烷燃烧可产生较多的水蒸气，因此天然气的燃烧产物中有较高的比热，所以总体来说，燃用天然气要比燃用轻柴油增加将近 2% 的功率。以索拉 MARS90 机组燃气轮机为例，在 ISO 工况下（即环境温度 15℃，1 个标准大气压下，相对湿度 60%，海拔 0m），燃用天然气时的额定功率为 9MW。

（5）启动频率影响分析

燃气轮机具有效率高、启动快、运转平稳等特点，每一次启动、停机都使其高温部件经历一次大的热循环。虽然控制系统控制着火点、升温、甩负荷等运行曲线能使燃气轮机的热效应达到最小，但一台需要频繁启动和停机的燃气轮机的零件寿命明显要比连续工作的同样机组零件寿命短。因此在燃气轮机的实际运行过程中，要做好运行维护方面的工作，在恰当的时间间隔内进行燃气轮机的检修和清理，不仅能有效保证其实际运行效率，还能减少其入口压力损失，提高燃气轮机的带载能力。

（6）负荷影响分析

燃气轮机在实际运行过程中，由于机械磨损等原因不可能一直处于标准工况下。在外界负荷和大气温度等因素变化时，燃气轮机的功率 P、转速 n 和效率 η 等参数都相应变化，使燃气轮机处在偏离设计工况的变工况下运行，这时燃气轮机各个参数的变化情况、运行的安全性以及起动和加载性能等，统称为燃气轮机变工况性能。在变工况的情况下，燃气轮机的效率自然会受到一定程度的影响。

高温通道部件的寿命在不同模式运行时受到不同的影响。从满负荷跳闸甩负荷对部件寿命的影响相当于 8 次正常启、停循环操作，这是因为此时在叶片和喷嘴处产生热应力，较高的应力意味着很少的几次循环就会使燃气轮机的相关部件产生裂纹，减短其使用寿命，增加维修成本和启停次数，影响燃气轮机的带载能力和效率。

（7）环境因素及附属设备效率影响分析

由于燃气轮机吸入周围环境的空气，因此在采用同种燃料的前提下，影响进入空压机空气的质量流量的任何因素，例如环境温度、大气压力和相对湿度等，对燃气轮机组的功率和热耗率等性能均会产生一定的影响，把这些因素统称为环境因素对燃气轮机带载能力和效率的影响。

值得注意的是，这些因素并不是独立影响燃气轮机的带载能力和效率的，而是相互耦合作用的。以进气温度和大气压力为例，在环境温度和进气压力损失耦合作用下，燃气轮机在各工况输出功率减少量不是单一的环境温度和进气压力损失作用的线性叠加，它们两者对燃气轮机的影响是相互作用的。在环境温度 36℃时，燃气轮机输出功率减少量为 312kW；在进气压力损失 5kPa 时，燃气轮机输出功率减少量为 623kW；当环境温度 36℃以及进气压力损失 5kPa 时，燃气轮机输出功率减少量为 1081kW，比相同条件下单一的环境温度和进气压力损失作用的线性叠加还要多 146kW。而且此时输出功率减少量超过了 4.5% 的设计功率。

维修次数和运行费用受透平吸入的空气质量的影响。除了空气中的杂质对高温烟气通道部件有损害外，灰尘、盐和油等杂质也能引起压气机叶片的腐蚀和结垢。吸入超细污垢颗粒以及油气、烟、海盐和工业排气都导致结垢。压气机叶片的腐蚀使叶片表面产生凹痕，不仅增加了表面粗糙度，也成为产生疲劳裂纹的潜在部位。叶片外形变化会降低空气流量和压气机效率，同样导致降低燃气轮机的功率和总热效率。

燃气轮机机组的齿轮箱和发电机都具有一定的效率损失，同时机组由齿轮箱传动的主滑油泵也消耗一部分原动机输出的功率。如果齿轮箱及发电机的效率下降或主滑油泵的工况不良，将会进一步影响机组的带载能力。

（8）涡轮叶片温度限制

燃气轮机透平涡轮叶片的强度和疲劳寿命直接关系到燃气轮机在服役期间的稳定性和可靠性，而涡轮叶片的温度对叶片寿命的影响最直接。

随着燃气轮机机组的运转，诸多因素将导致机组不可恢复性能下降和可恢复的性能下降。不可恢复性能下降主要是由机组物理磨损及内部机件损伤等原因引起的，仅能由机组大修进行恢复；可恢复性能下降主要为进气系统、燃料系统及清洗系统进入机组的污染物引起，基本上可采取标准的洗车措施进行性能恢复。通过多次洗车措施使燃气轮机的性能得到一定程度的恢复，自然带载能力和效率也会有所提高。

除此以外，在空气进入透平之前，可通过注入蒸汽或者水，以增大质量流量，降低涡轮叶片的温度，从而增加燃气轮机组的功率，同时还能降低 NO_x 的排放量。索拉公司燃气轮机的设计，一般考虑向燃烧器及压气机排气口注入的蒸汽量可达到压气机空气流量的 5% 左右。需要注意的是，注入的蒸汽必须有一定的过热度（一般考虑 13℃），并且其压力是同燃料气的压力相匹配的。

（9）正常工作磨损

磨损是机械运行过程中不可避免的一种机械能损耗。随着运转时间的增加，燃气轮机的磨损将随之增大，机组性能将随之降低。污垢对性能的影响主要反应在燃气轮机和压气机的通道上。燃料中含有的杂质在燃烧后形成灰垢，堆积在燃气轮机的热流通道部件上，空气中存在的灰尘经过进气滤网过滤后仍有少量进入压气机，一部分堆积在压气机流道叶片上。污垢堆积后使叶片形状发生变化，气流流动损失增大，从而使压气机耗功增加；与此同时，由于燃气中灰分的冲刷，高温腐蚀引起的动、静叶片叶型变化，气缸老化变形和高温烧蚀引起的叶片顶部和底部的间隙变大等，也引起燃气轮机效率下降，从而导致燃气轮机机组带载能力降低。

第 2 章 燃气轮机核芯交换项目实施

2.1 项目背景

乐东 22-1 气田共有索拉燃气轮机 5 台，其中金牛 T70 型号（以下简称 T70）核芯 3 台、金牛 T60 型号（以下简称 T60）核芯 2 台。按照索拉燃气轮机技术要求，燃气轮机核芯每运行满 30000h，必须进行燃气轮机核芯更换交换维保。

乐东 22-1 气田自 2009 年投产以来，每台索拉燃气轮机机组运行时间到 2016 年基本达到 30000h。按照机组运行时间，气田应于 2016 年和 2017 年分别更换 2 台索拉燃气轮机核芯。根据以往核芯更换交换经验，燃气轮机核芯交换工作需要聘请 1 名国外服务工程师和 10 名左右外委劳务人员完成作业，仅劳务费用每台机组就高达约二十万，同时核芯交换服务受厂家技术和时间制约。

在公司降本增效的大环境下，为了节省厂家服务费用和学习大型进口设备的大修技术，提高现场维修人员的整体水平，加速员工成长，东方作业公司和乐东 22-1 气田探索索拉燃气轮机核芯自主更换。按照“引进、消化吸收、再创新”的思路，进行索拉核芯 T70 更换工作，将技术掌握到气田维修人员手中。

根据索拉燃气轮机核芯交换规定，透平机组运行 30000h 后，透平叶片、喷嘴和燃烧室等热部件需要返厂检修。气田燃气轮机压缩机组 A 机已经运行 30657h，需要进行核芯更换。机组发动机重 4912kg，进气涡壳重 225kg，排气涡壳重 476kg，总重 5613kg。

燃气轮机核芯交换项目主要工作内容包括：核芯更换前准备；燃气轮机压缩机组专用工具、吊具准备；旧核芯拆出和新核芯安装；对中；新核芯安装后启机测试。

2.2

项目实施

2.2.1 准备工作

2.2.1.1 工程准备

（1）同动力设备管理室协调新核芯运输到平台。

（2）调运核芯更换专用工具到平台。

（3）申请索拉现场服务工程师，同时协调维修人员到平台。

2.2.1.2 备件准备

（1）返回索拉厂家的备件包括：进气口的滤网、T5 热电偶线束总成、泄压阀、执行器和弯管、燃料喷嘴、保温层、动力涡轮、速度探头和 RTD 探头、点火器总成、燃气发生器回油管适配器、VG 执行器总成、IVG 盖板、辅助齿轮箱、所有的外部引擎支架。

（2）不返回索拉厂家的备件包括：动力涡轮端靠背轮、动力涡轮端盖板适配器、发动机支架、外部接线箱、进气蜗壳、排气蜗壳、BV 阀管道、BV 阀电磁阀、起动发动机、滑油泵、滑油供油管、AGB 排油适配器、专用配件。

2.2.1.3 人员和机具准备

（1）人员准备

本项目主要依靠平台动力人员以及相关维修人员进行机组核芯的更换工作，厂家只派 1 名工程师，人员计划如表 2-1 所示。

表 2-1　人员计划

序号	工种	人数	单位
1	索拉厂家	1	名
2	乐东 22-1 动力	3	名
3	东方终端动力	1	名
4	东方 1-1 动力	1	名
5	乐东 15-1 机械	1	名
6	乐东 22-1 机械	3	名

续表

序号	工种	人数	单位
7	吊车工	1	名
8	甲板工	1	名
人员合计		12	名

(2)设备准备

本项目需要的设备包括18吨柴油吊机、电动吊机、液压小叉车。设备使用计划如表2-2所示。

表2-2　设备使用计划

序号	名称	数量	单位
1	18吨柴油吊机	1	台
2	电动吊机	1	台
3	液压小叉车	2	台

(3)工具和材料准备

① 专用工具　专用工具包括吊装支架、发动机四点吊装工具、后支撑销钉拆装拉马等。专用工具使用计划如表2-3所示。相关工具示意图如图2-1所示。

表2-3　专用工具使用计划

序号	名称	编码	数量	单位
1	吊装支架	FT1060192-101(1060319-100、1060199-100、1060193-100)	1	套
2	发动机四点吊装工具	FT28499-101(FT28499-1、FT28499-2)	1	套
3	2吨倒链	FT1049629-100	2	个
4	2吨倒链	FT1049630-100	2	个
5	后支撑销钉拆装拉马	FT27802	1	个
6	PT联轴器靠背轮拉马	FT27005	1	个
7	发动机临时支撑	FT28877-100	1	套
8	辅机马达拆装吊具	FT28001-100	1	个
9	内窥镜堵头拆装工具	FT28410	1	个
10	内窥镜导管	FT28306	1	套
11	内窥镜		1	套
12	对中工具	FT67107-1001	1	套
13	IGV角度测量工具	FT28198-101	1	个
14	自制波纹管提升工具	FT27802	1	套

图 2-1　核芯交换项目工具示意图

② 通用工具　通用工具包括英制套筒扳手、英制开口梅花扳手、螺丝刀等。通用工具使用计划如表 2-4 所示。

③ 材料计划　本项目所需材料包括承重钢板、金属表面密封胶、高温丝扣油等。材料计划如表 2-5 所示。

表 2-4　通用工具使用计划

序号	名称	数量	单位	备注
1	英制套筒扳手	2	套	
2	英制开口梅花扳手	2	套	
3	螺丝刀	1	套	
4	活动扳手	2	把	
5	敲击扳手	2	把	
6	铜锤	2	把	
7	胶锤	2	把	
8	万用表	1	个	
9	英制内六角	1	套	
10	5 吨吊带	2	根	
11	2 吨吊带	4	根	
12	8 吨吊耳	1	个	
13	2 吨吊耳	4	个	
14	扭力放大器	1	个	
15	扭力扳手	1	个	15 ~ 100ft · lb（20 ~ 140N · m）
16	扭力扳手	1	个	80 ~ 405ft · lb（110 ~ 550N · m）
17	改锥	1	套	
18	电磁炉	1	个	
19	线葫芦	1	个	
20	不锈钢锅	1	个	

表 2-5　材料计划

序号	名称	数量	单位
1	承重钢板	2	块
2	锈敌	2	瓶
3	玻璃胶	2	管
4	高温丝扣油	1	瓶
5	金属表面密封胶	1	管
6	花生油	5	升
7	凡士林	1	瓶
8	核芯更换备件包	1	套

2.2.1.4 现场施工前准备

（1）召开项目开工前安全会，对此次核芯更换工作进行作业安全分析。

（2）制定合理的吊装及搬运方案。

（3）索拉服务工程师对新核芯及附件开箱检查，确认核芯型号是否一致及备件有无遗漏。

2.2.2 施工步骤

2.2.2.1 拆出旧核芯

（1）机组程序备份

联机将 PLC 中程序下载到透平专用电脑上备份。机组程序备份示意图如图 2-2 所示。

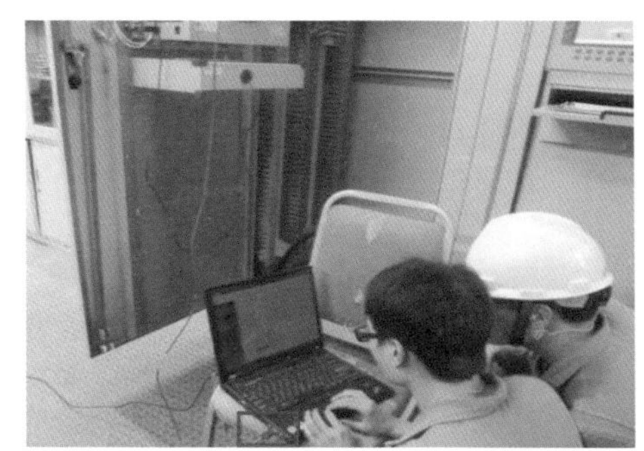

图 2-2 机组程序备份示意图

（2）机组隔离

① 现场控制箱内控制系统断电隔离；燃气轮机电气系统（AC 泵、DC 泵、启动马达、机橇风扇）及工艺系统（燃料气、仪表气）能源隔离，如图 2-3 所示。

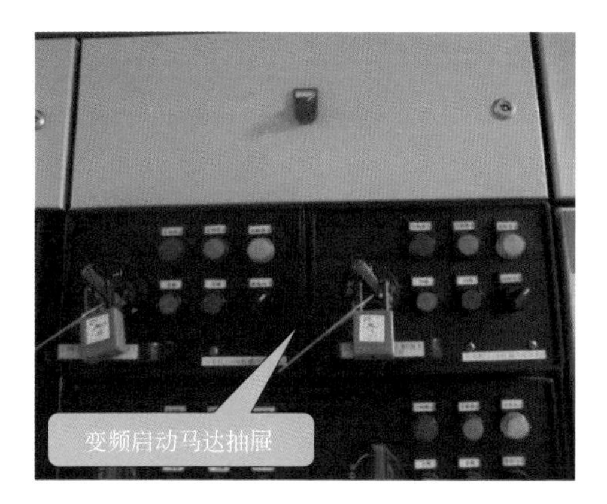

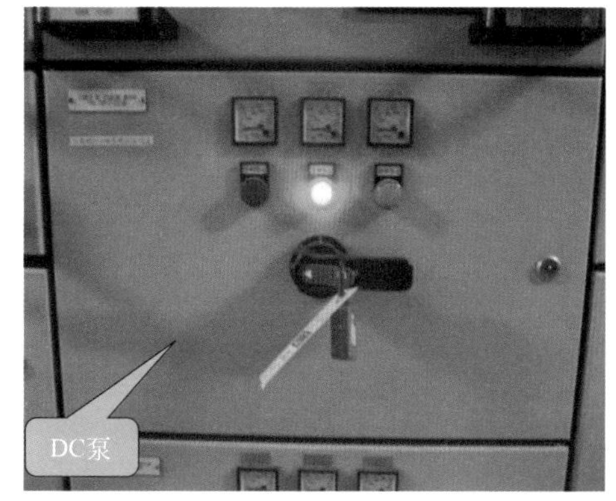

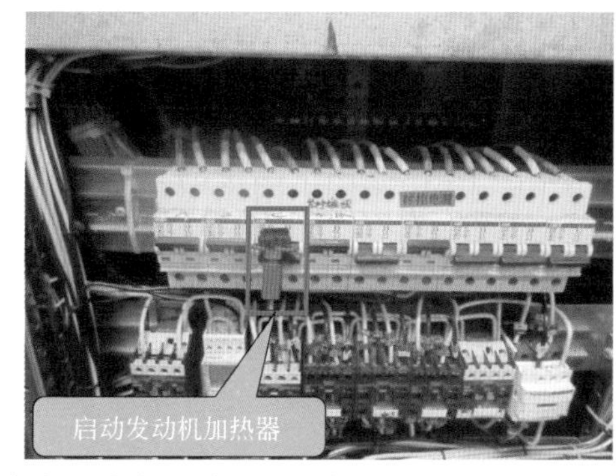

图 2-3　控制系统断电以及燃气轮机电气系统隔离示意图

② 火气系统打到旁通，拆除二氧化碳瓶头阀，对二氧化碳灭火系统进行能源隔离，如图 2-4 所示。

图 2-4　二氧化碳灭火系统能源隔离示意图

（3）透平机组侧门拆除

为了方便机组核芯移出，对机组右侧门以及部分支撑梁进行拆除，如图 2-5 所示。

图 2-5　透平机组侧门拆除示意图

（4）机组核芯移出

① 拆除燃气阀 EGF388 到多歧环管间燃气管线，如图 2-6 所示。

② 拆除部分 PCD 管线，如图 2-7 所示。

图 2-6　拆除燃气管线示意图

图 2-7　拆除部分 PCD 管线示意图

③ 拆除 1 号轴承进 / 回油管线与机组核芯连接部位，如图 2-8 所示。

图 2-8　拆除 1 号轴承进 / 回油管线与机组核芯连接部位示意图

④ 拆除 2 号、3 号轴承进 / 回油管线，如图 2-9 所示。

图 2-9　拆除 2 号、3 号轴承进 / 回油管线示意图

⑤ 拆除 4 号、5 号轴承进 / 回油管线与核芯连接处，如图 2-10 所示。

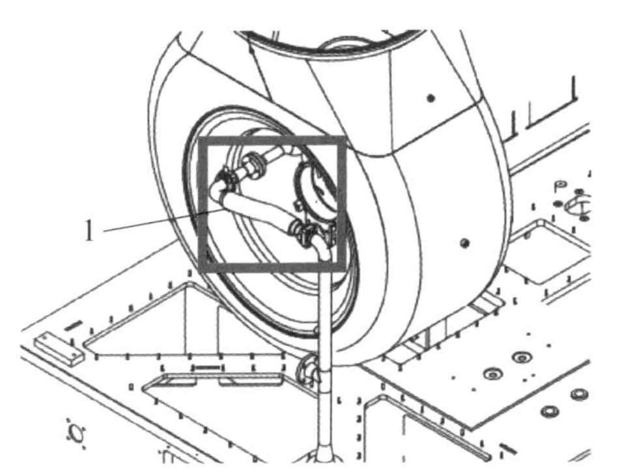

图 2-10　拆除 4 号、5 号轴承进 / 回油管线与核芯连接处示意图

⑥ 拆除主滑油泵进出口滑油管线，如图 2-11 所示。

图 2-11　拆除主滑油泵进出口滑油管线示意图

⑦ 拆除 BV 液压油供回油管线，与排气蜗壳连接弯头、阀体，如图 2-12 所示。

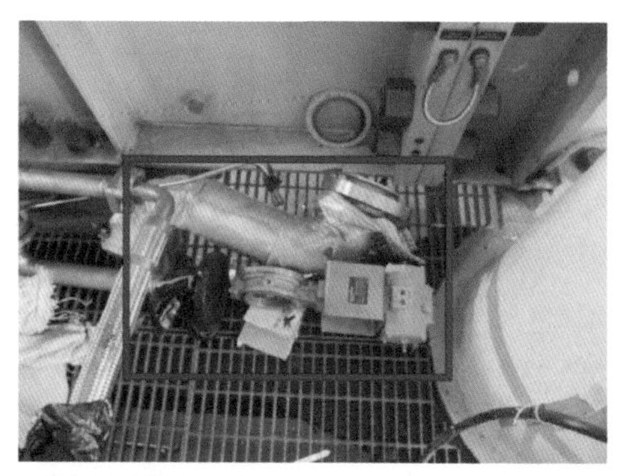

图 2-12　拆除 BV 液压油供回油管线示意图

⑧ 拆除可转导叶 VGV 执行器接线，如图 2-13 所示。

图 2-13　拆除可转导叶 VGV 执行器接线示意图

⑨ 拆除 NPT 及 NPT 超速探头及接线，如图 2-14 所示。

图 2-14　拆除 NPT 及 NPT 超速探头及接线示意图

⑩ 拆除压气机水洗及在线水洗管线，如图 2-15 所示。拆除 T5 探头接线箱内接线，如图 2-16 所示。

图 2-15　拆除压气机水洗及在线水洗管线示意图

图 2-16　拆除 T5 探头接线箱内接线示意图

⑪ 拆除 1 号轴承处振动探头组件，拆除齿轮附件箱速度探头 TV350-1。

⑫ 借助机组上专用支架拆除主滑油泵，如图 2-17 所示。

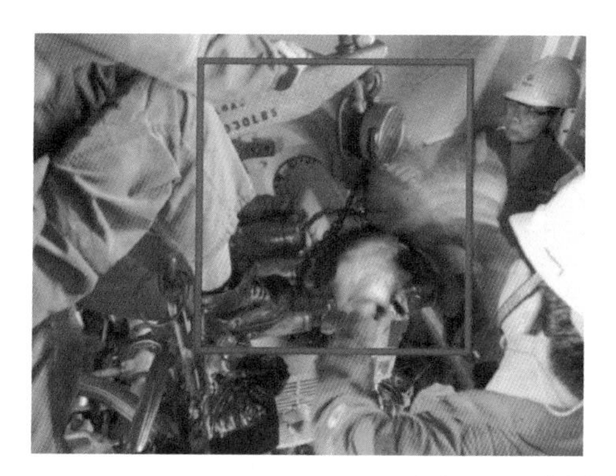

图 2-17　拆除主滑油泵示意图

⑬ 借用机组上专用支架拆除启动马达，如图 2-18 所示。拆除联轴节盖板，如图 2-19 所示。

图 2-18　拆除启动马达示意图

图 2-19　拆除联轴节盖板示意图

⑭ 联轴器拆除，如图 2-20 所示。使用 3/16 寸内六角拆除红螺栓，再拧紧黄螺栓压紧靠背轮，使靠背轮和联轴节连接处间隙增大，拆联轴节，顺便拆除两端适配轮毂盖。

图 2-20 联轴器拆除示意图

⑮ 进气蜗壳软连接处螺栓拆下后，上侧用铁丝吊起；拆排气蜗壳与波纹管的连接螺栓，然后使用自制波纹管拉紧工具拉紧波纹管以便移出核芯，如图 2-21 所示。

图 2-21 进气蜗壳拆卸示意图

⑯ 拆除压气端支撑地脚螺栓，如图 2-22 所示。

图 2-22 拆除压气端支撑地脚螺栓示意图

⑰ 拆除涡轮两侧护板。先拆下护板的盖板，再用自制工具（FT27802）拔出涡轮后支撑承重定位销，如图 2-23 所示。

图 2-23　拆除涡轮两侧护板示意图

⑱ 拆卸涡轮底部支撑滑轨，如图 2-24 所示。

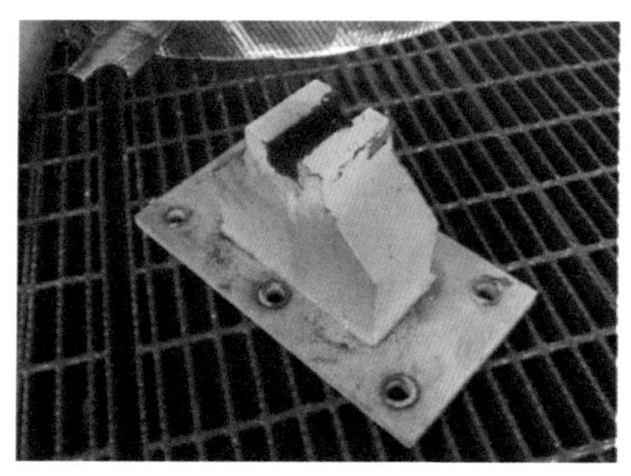

图 2-24　拆卸涡轮底部支撑滑轨示意图

（5）透平从机橇中移出操作步骤

① 调整行走葫芦吊把机组核芯移出，如图 2-25 所示。

图 2-25　调整行走葫芦吊把机组核芯移出示意图

② 临时支撑安装

a. 涡轮两侧临时支架安装（FT28877-100），如图 2-26 所示。

图 2-26　涡轮两侧临时支架安装示意图

b. 压气机底部支架可以临时使用机橇内压气机端支架，也可以使用自制的压气端临时支撑，如图 2-27 所示。

图 2-27　压气机底部支架支撑示意图

③ 进气蜗壳拆除。拆除进气蜗壳与齿轮箱的连接螺栓后，用液压车将进气蜗壳拆除，如图 2-28 所示。

图 2-28　进气蜗壳拆除示意图

④ 拆除排烟管蜗壳

a. 拆除排气蜗壳与涡轮连接螺栓，用液压车将排气蜗壳移除，如图2-29所示。

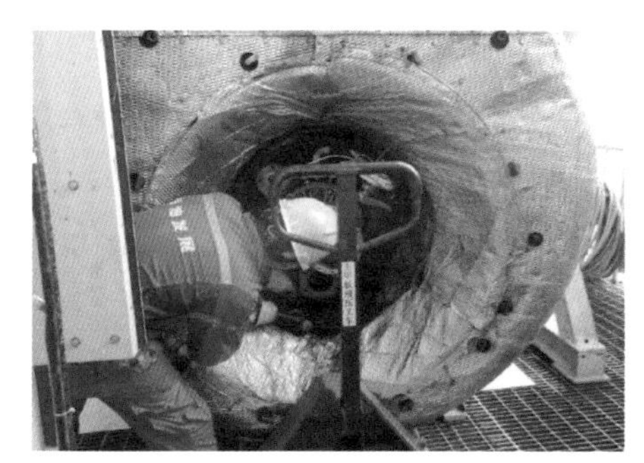

图 2-29　排气蜗壳移除示意图

b. 安装涡轮侧临时支撑三角架，如图2-30所示。

图 2-30　安装涡轮侧临时支撑三角架示意图

⑤ 透平端靠背轮拆除

a. 将透平端靠背轮锁紧螺栓拆下，如图2-31所示。

b. 用专用拆卸工具将靠背轮（FT27005）拆下来，如图2-32所示。

图 2-31　透平端靠背轮锁紧螺栓拆卸示意图

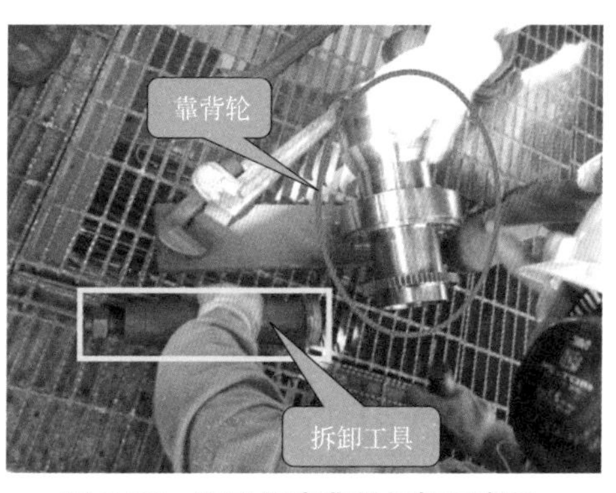

图 2-32　透平端靠背轮拆卸示意图

(6) 旧燃气轮机核芯吊装操作步骤

① 将阻挡燃气轮机核芯吊装的横梁延伸支撑拆除。

② 用电动吊车吊开天窗。

③ 用柴油吊车通过天窗将旧核芯吊到主甲板，如图 2-33 所示。

图 2-33　旧核芯吊装示意图

④ 拆除临时支撑。在平台柴油吊机的协助下，拆下旧核芯前后端的临时支撑，并安装到核芯底座上，如图 2-34 所示。

图 2-34　拆除旧核芯前后端的临时支撑示意图

⑤ 将旧核芯吊入船运吊篮。将旧核芯连同底座吊至包装箱底座上，安装固定螺栓，借用保鲜膜将压气机进气口进行包裹，回装 BV 阀前段弯管、部分 PCD 管，并加盖防雨包装袋，装入木箱，用吊机吊入船运吊篮内。如图 2-35 所示。

图 2-35　旧核芯吊入船运吊篮示意图

2.2.2.2　新核芯安装

(1) 新核芯安装靠背轮步骤

将旧的靠背轮进行油浴加热到 93℃后，迅速安装到透平 PT 端，安装锁紧卡环和螺母，如图 2-36 所示。

图 2-36　旧靠背轮安装到透平 PT 端示意图

(2) 新核芯吊装步骤

① 新核芯吊装作业。将四点吊装工具安装到新核芯上，用柴油吊车将新核芯连同底座一起吊装至压缩机组 A 区域，如图 2-37 所示。

图 2-37　新核芯吊装作业示意图

② 将进气蜗壳安装到新核芯进气口，如图 2-38 所示。

③ 将排气蜗壳安装至新核芯的排气口，并用扭矩扳手紧固固定螺栓，如图 2-39 所示。

图 2-38　进气蜗壳安装示意图

图 2-39　排气蜗壳安装示意图

④ 借用葫芦吊将新核芯提升至合适高度，缓慢推入机橇的安装位置，如图 2-40 所示。

图 2-40　新核芯安装示意图

2.2.2.3　回装核芯上的附件

① 安装涡轮右侧护板，紧固底部的四颗固定螺栓，如图 2-41 所示。

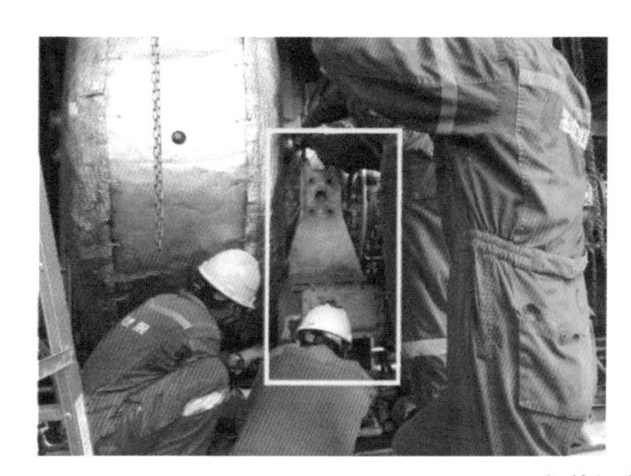

图 2-41　安装涡轮右侧护板示意图

② 拆除核芯吊装横梁的延伸支架，用电动吊将延伸横梁、三角支架、核芯底座、平板车等不需要的工具移除，如图 2-42 所示。

图 2-42　移除延伸横梁等不需要的工具示意图

③ 确认新核芯底部导轨与导轨槽对齐后，慢慢下放新核芯，对压气机侧固定螺栓打扭矩紧固［128lb・ft（1lb・ft=1.356N・m）］，安装涡轮侧定位销与定位销盖板，并进行打扭矩紧固（218lb•ft），如图 2-43 所示。

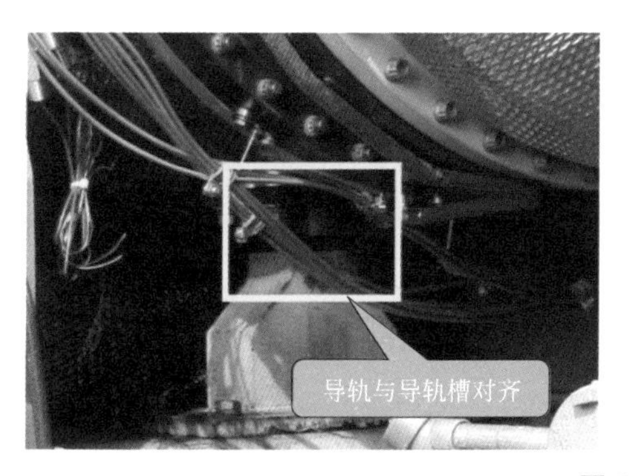

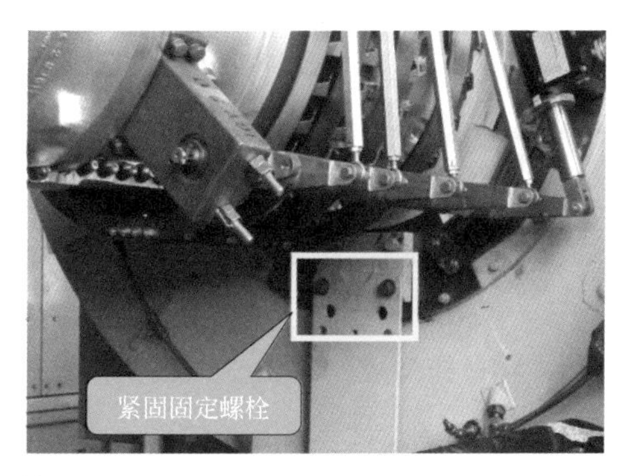

图 2-43

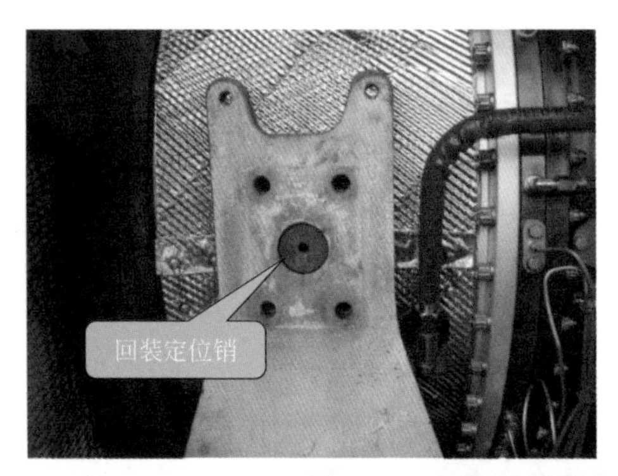

图 2-43　压气机侧固定螺栓打扭矩紧固等示意图

④ 拆下四点吊装工具与滑轮葫芦吊，并用扭矩扳手回装涡轮侧的 6 颗连接螺栓（98 lb・ft），如图 2-44 所示。

图 2-44　回装涡轮侧连接螺栓示意图

⑤ 回装压气机水洗环管底部拆除的部分管线，如图 2-45 所示。

图 2-45　回装压气机水洗环管底部拆除的部分管线示意图

⑥ 安装燃烧室与涡轮连接处的隔热层，如图 2-46 所示。

图 2-46　安装燃烧室与涡轮连接处的隔热层示意图

⑦ 回装机橇右侧支撑柱与机橇门，如图 2-47 所示。

图 2-47　回装机橇右侧支撑柱与机橇门示意图

⑧ 将葫芦吊、四点吊装工具用吊车转移至主甲板，放回集装箱，如图 2-48 所示。

图 2-48　葫芦吊、四点吊装工具回收示意图

⑨ 回装压气机 IGV 护盖，如图 2-49 所示。

图 2-49　回装压气机 IGV 护盖示意图

⑩ 回装压气机两侧的 PCD 管线，为防止产生应力影响机组对中，下面部分暂不回装，如图 2-50 所示。

图 2-50　回装压气机两侧的 PCD 管线示意图

⑪ 回装 BV 阀两侧弯管，回装 BV 阀，并将排气阀前后两段弯管包上隔热层，如图 2-51 所示。

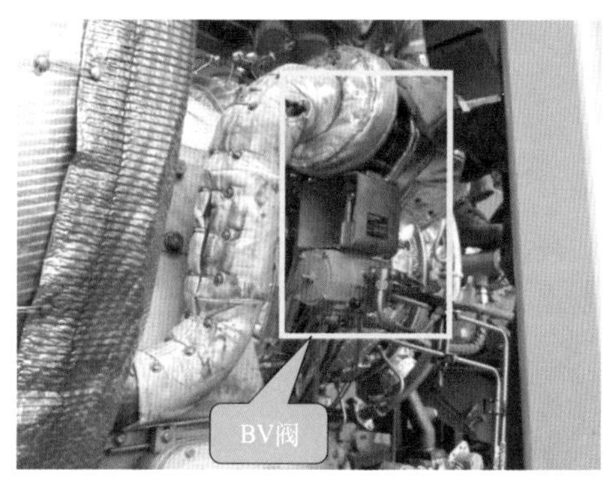

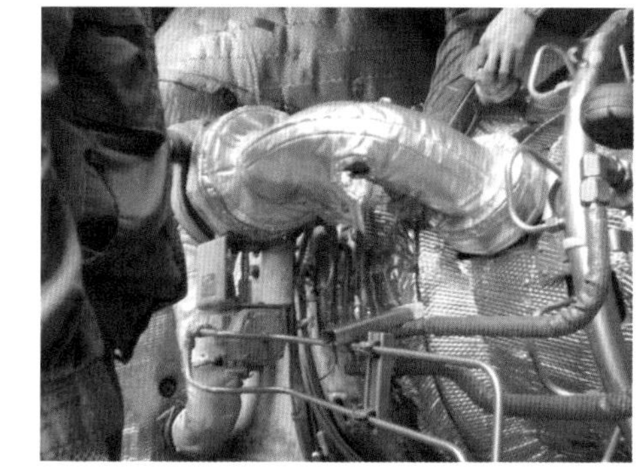

图 2-51 回装 BV 阀以及两侧弯管示意图

2.2.2.4 机组对中

（1）测量长度

测量联轴节长度和靠背轮之间的长度，计算联轴节垫片厚度。利用游标卡尺和内径千分尺分别测量联轴节长度和靠背轮之间的长度，根据具体数值增减联轴器的垫片。

（2）打表对中

① 在压缩机靠背轮和透平 PT 端靠背轮各安装 4 颗黄色螺栓，黄色螺栓压紧靠背轮内的弹性垫片，使得两个靠背轮之间距离变大，便于安装联轴节，如图 2-52 所示。

图 2-52 压缩机靠背轮和透平 PT 端靠背轮安装黄色螺栓示意图

② 用连接螺栓将联轴节安装在压缩机端，透平 PT 端不连接，将 4 颗红色螺栓安装在压缩机侧的靠背轮上，如图 2-53 所示。红色螺栓作用：将靠背轮的适配轮毂向外顶出，加强轮毂与基座的连接刚性，对中旋转联轴节时可以减少打表误差。

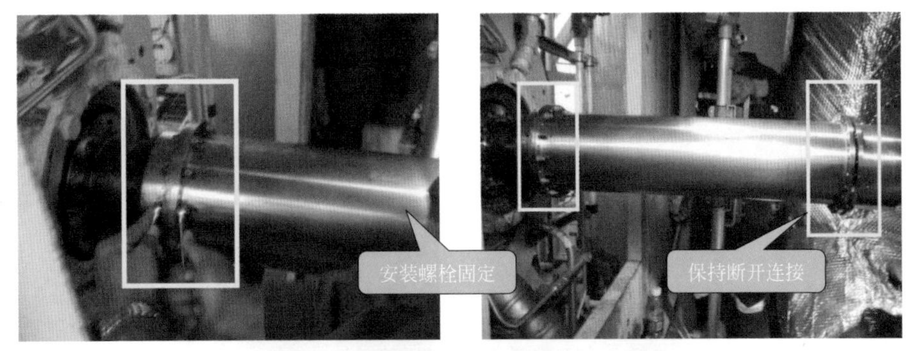

图 2-53　压缩机端安装红色螺栓示意图

③ 安装对中工具，进行打表对中调试，如图 2-54 所示。

图 2-54　安装对中工具示意图

（3）其余部分回装

① 回装压气机进气蜗壳与机橇进气道的连接螺栓，回装 IGV 电动执行器接线软管，如图 2-55 所示。

图 2-55　回装压气机进气蜗壳与机橇进气道的连接螺栓示意图

② 回装4号、5号轴承滑油回油管，回装2号、3号轴承进、回油管，如图 2-56 所示。

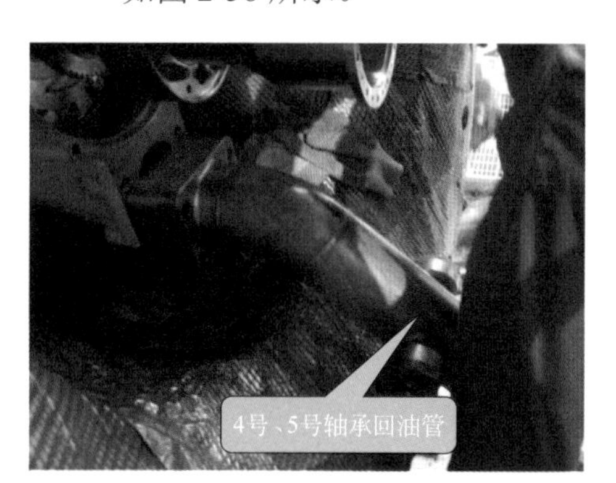

图 2-56　回装轴承油管示意图

③ 回装点火头的火花塞、点火管线以及 PCD 管线。如图 2-57 所示。

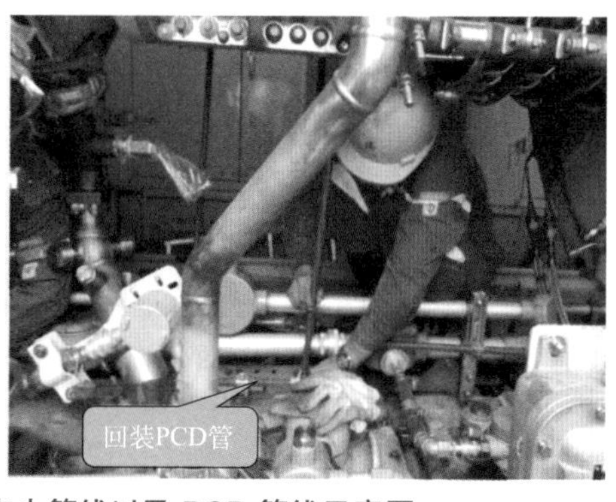

图 2-57　回装点火头的火花塞、点火管线以及 PCD 管线示意图

④ 回装启动马达、主滑油泵及其进、出油管线，如图 2-58 所示。

图 2-58　回装启动马达、主滑油泵及其进、出油管线示意图

⑤ 对联轴节两端的固定螺栓打扭矩 188in·lb（1in·lb=0.113N·m），然后回装联轴节保护盖与联轴节的进回油管线，回装压缩机侧机橇盖板，如图 2-59 所示。

图 2-59　回装进回油管线以及压缩机侧机橇盖板示意图

⑥ 对进气蜗壳与波纹管的连接螺栓进行除锈保养，回装进气蜗壳与波纹管的连接，如图 2-60 所示。

图 2-60　回装进气蜗壳与波纹管的连接示意图

⑦ 回装齿轮箱振动探头TV350-1，1号轴承温度探头与振动探头接线，如图2-61所示。

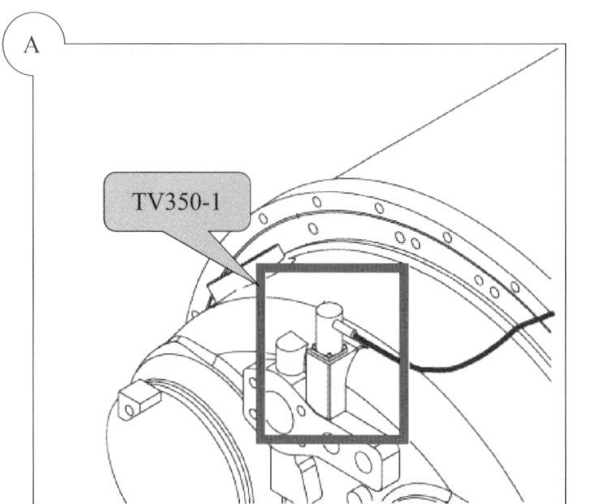

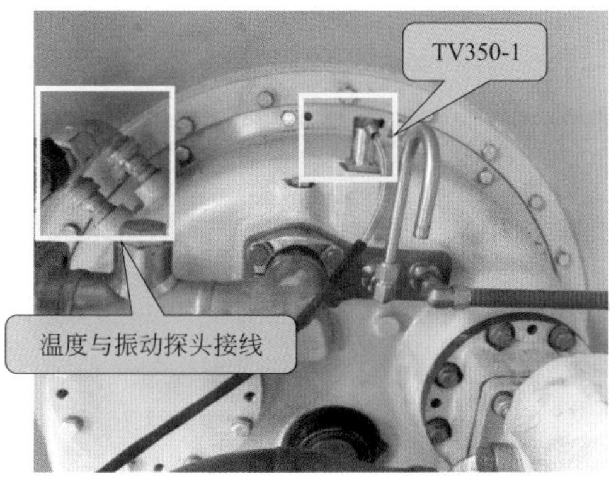

图 2-61　回装轴承温度探头与振动探头接线示意图

⑧ 回装1号轴承密封气进、排气管线，回装齿轮箱的进回油管线，如图2-62所示。

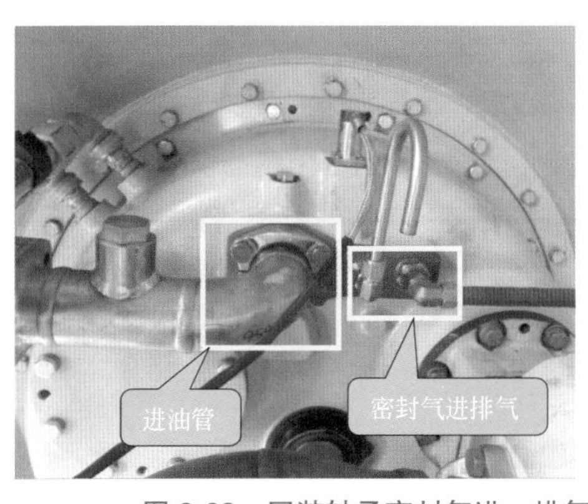

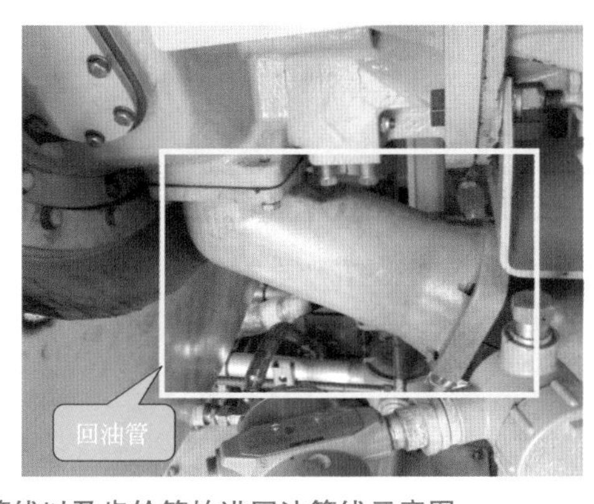

图 2-62　回装轴承密封气进、排气管线以及齿轮箱的进回油管线示意图

⑨ 回装 T1 温度探头，如图 2-63 所示。

图 2-63　回装 T1 温度探头示意图

⑩ 回装 2 号、3 号轴承振动与温度探头接线，回装压气机 IGV 执行器接线，如图 2-64 所示。

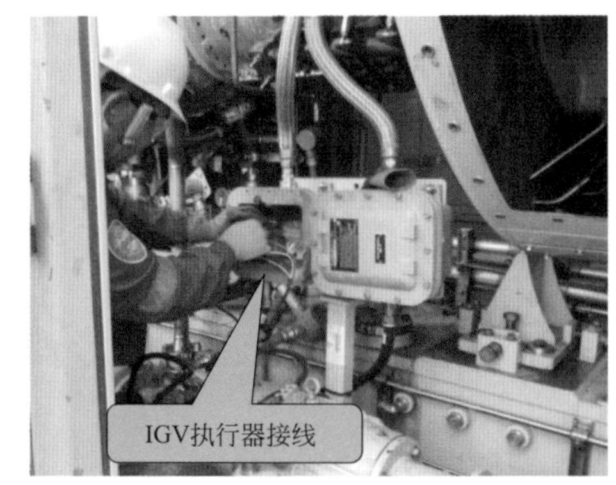

图 2-64　回装轴承振动与温度探头接线以及 IGV 执行器接线示意图

⑪ 回装 T5 温度探头、启动马达接线，如图 2-65 所示。

图 2-65　回装 T5 温度探头、启动马达接线示意图

⑫ 更换燃气轮机压缩机组燃料气过滤器滤芯、仪表气过滤器滤芯以及 BV 阀液压油过滤器的滤芯，如图 2-66 所示。

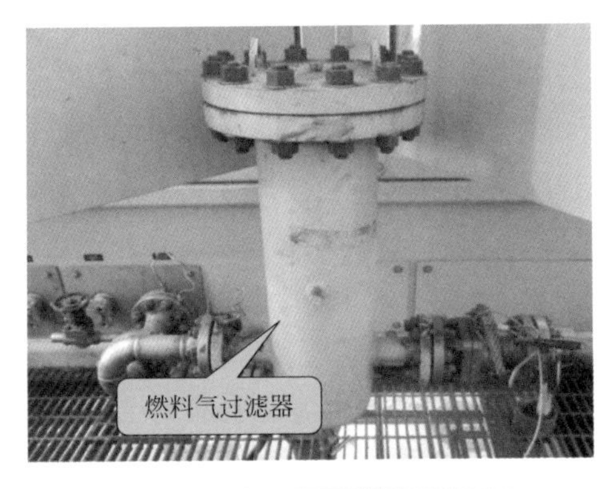

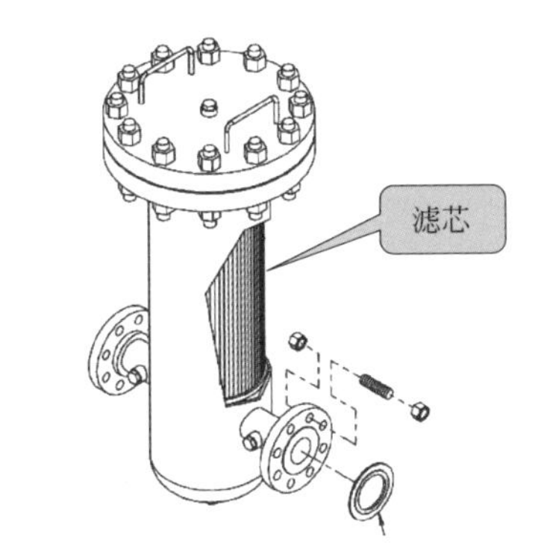

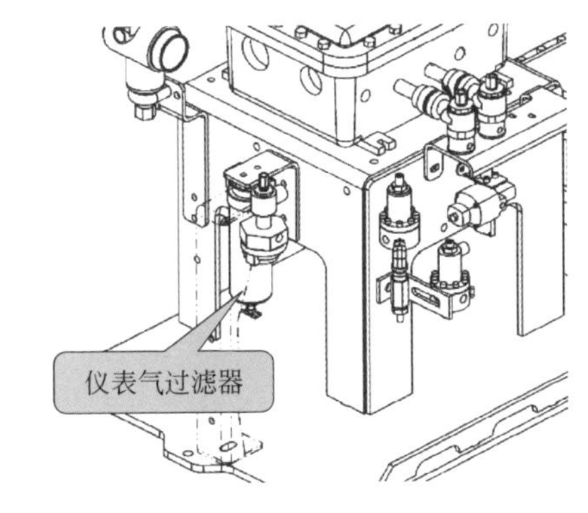

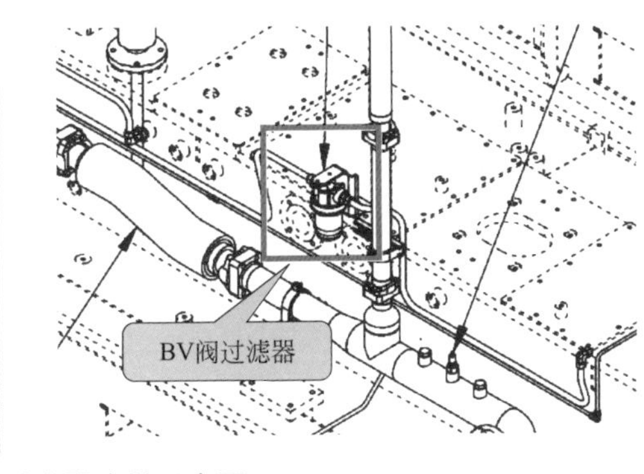

图 2-66　更换过滤器滤芯示意图

2.2.2.5　设备对中

（1）设备对中简介

对于相互关联的旋转机械系统，对中的方式是以一台设备转子轴心线为基准，通过调整另一台设备的相对位置，可使两台设备运行时轴线处于同一条直线。同轴度是用来描述设备两轴线相对位置的一组数据，由径向和轴向值组成。不对中的状态分为平行不对中、角向不对中和平行角向综合不对中。设备对中按运行后的状态又分为冷态对中和热态对中。冷态对中时，热态由于热膨胀的存在，就不一定对中。因此，设备对中应以热态对中数据为准。提高对中质量，不仅要缩短对中时间，且要提高对中技术。实际维修中，用加减底座垫片的方法对中，但工作量大且不稳定，尤其是在精密对中或要求热对中时，必须用理论计算确定。

（2）设备对中的基本方法

① 对中准备　先要确认影响对中状态的管道和设备部件是否已连接到设备上，是否存在应力。否则在外力下强制连接，会影响设备对中结果。再确定以哪个设备为基准，调整基准设备，然后再调整非基准设备，使之同轴。如离心压缩机、离心泵、风机，由于从动机与工艺管道连接，常调整主动机（电机、燃气轮机核芯）位置达到对中目的。

② 对中步骤　对中包括同轴度的测量和位置的调整，是不断重复操作的步骤，直到测量的数据符合对中标准要求。常用双百分表测量对中数据，在两个等待对中的轴端，架装找正支架和两块表（一块轴向表，一块径向表），转动两轴用两表测量径向和轴向值。如测量联轴器时，两联轴器向同一方向步进旋转，分别测量 1 点（0° 位置，即上垂直位置）、2 点（90° 位置）、3 点（180° 位置，即下垂直位置）、4 点（270° 位置）的径向和轴向值，记为（a1、s1）、（a2、s2）、（a2、s3）、（a4、s4）。数据的“+”、“−”值，表示这 8 个数据都是代数值。当两联轴器旋转一周并重新回到 1 点位置时，此时表就应回到（a1、s1）数值，倘若不回到原数值，可能是表松动或卡具安装不固定，必须调整，直到测量的数值正确为止。最后所测的数值，应符合 a1+a3=a2+a4、s1+s3=s2+s4 的条件。

若测量结果符合条件，说明测量过程和结果正确。测量完毕后，可根据对中偏移情况进行调整。其实，对中的主要工作是加减支座的垫片。上下的对中数据控制好，左右的偏差很容易调整。因此，对中的计算关键是上下的对中数据。由于测量初始值 a1、s1 可任意确定，所以一个实际对中状态，就有无穷个测量数据，其数据本身没有意义，只有数据相对值才有意义，即 | s3−s1 | 、| a3−a1 | 的值才能真正反映对中的真实状况。实际操作习惯将 a1、s1 的数值调为零。因此，一般对中就是将 a3、s3 的数据调整到位。

③ 燃气轮机核芯交换项目对中主要的技术要求就是燃气轮机核芯（原动机）与压缩机（从动机）对中。通过调查法和归纳法，将 T70 机组机械装配手册和维保手册关于对中的关键技术内容归纳如下：

a. 装配手册的机械对中表架设要求如图 2-67 所示。

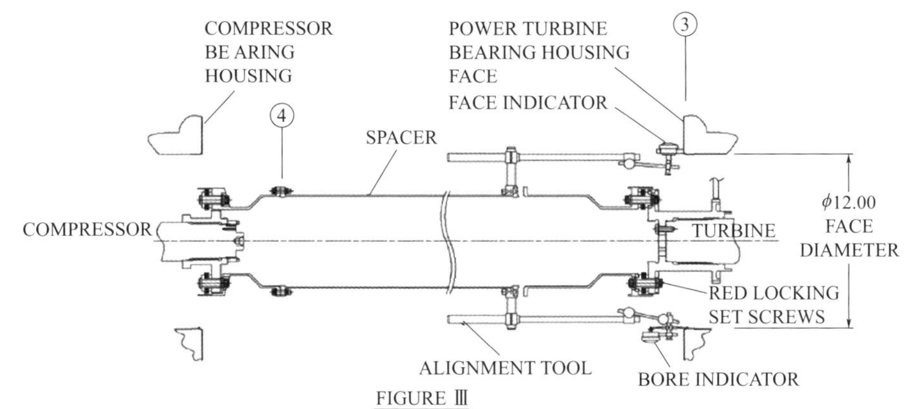

MOUNT ALIGNMENT TOOL ON INTERCONNECT SPACER FLANGE AND SWEEP P.T BEARING HOUSING BORE AND FACE

图 2-67　装配手册的机械对中表架设要求

b. 两端靠背轮法兰至法兰的间距（联轴节间距）。

c. 装配手册列明的对中数据要求。

d. 现场对中完成后，实际数据。

燃气轮机压缩机 A 机 T70 核芯更换完成后的对中数据如图 2-68 所示。

	BT	BL	BB	BR	FT	FL	FB	FR	Remark
Target	0	−0.074″	−0.147″	−0.074″	0	+0.003″	+0.005″	+0.003″	Dial Indicator
Tolerance	0	±0.002″	±0.005″	±0.002″	0	±0.001″	±0.002″	±0.001″	
Original Results	0	−0.115″	−0.145″	−0.030″	0	+0.004″	+0.007″	+0.004″	
Final Results	0	−0.072″	−0.142″	−0.068″	0	+0.003″	+0.0065″	+0.002″	

图 2-68　现场对中后实际数据

由最终数据与装配手册数据对比得出，燃气轮机核芯更换后机组对中符合装配要求。

2.2.2.6　PLC 程序参数修改

首先要掌握铭牌信息，发动机序列号为 OHE16-BOO40，其次，根据随燃气轮机核芯到货的出厂报告，掌握 GP 和 PT 间隙电压信息。

根据核芯交换工作要求，RSLogix5000 程序需要更改的参数（共 8 项）如下：

KT_GV_Max_Angle　（GV 最大角度）

KT_GV_Zero_Deg_Pcnt_Cmd　（GV 零度角时百分比）

KT_Engine_SN　（发动机序列号）

Start_Count.Val　（启动次数）

Engine_Fired_Hour_Count.Val（运行时间）
KT_T5_Base_G.Val（T5 Base 参数）
PT_Axial（PT 间隙电压）
GP_Axial（GP 间隙电压）

程序参数修改步骤如下：

（1）修改可转导叶 IGV 的相关参数

① 根据铭牌信息修改 KT_GV_Max_Angle。

② 找出 KT_GV_Zero_Deg_Pcnt_Cmd 对应的百分比，然后输入进去（此过程可以用于校验 IGV 驱动电机）。

③ 导通 EGV339_EN，如图 2-69 所示。

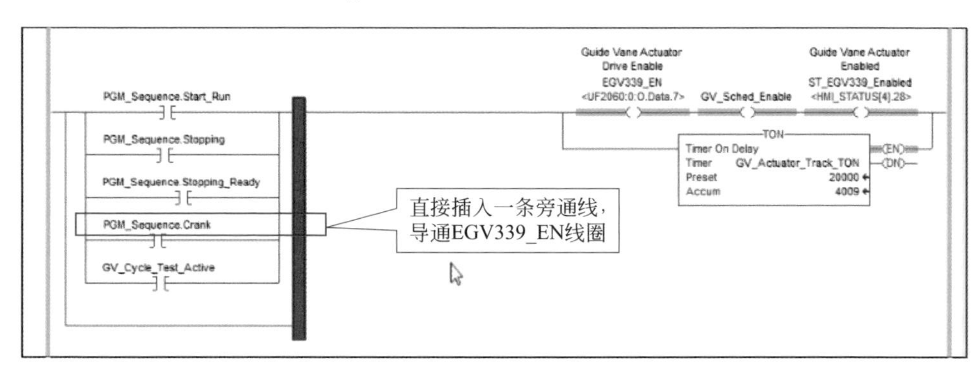

图 2-69　导通 EGV339_EN 示意图

④ 在程序段 Fuel_2124_110_840 中找到功能块 GV_Signal_HLL_02 中慢慢输入百分比参数，然后观察 IGV 角度尺是否到达 0° 位置，如图 2-70 所示。

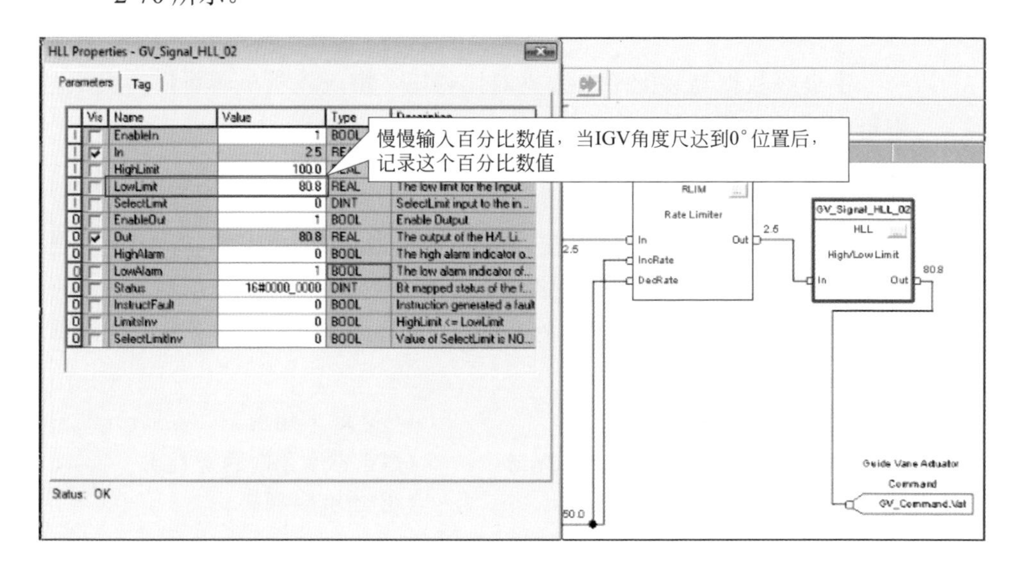

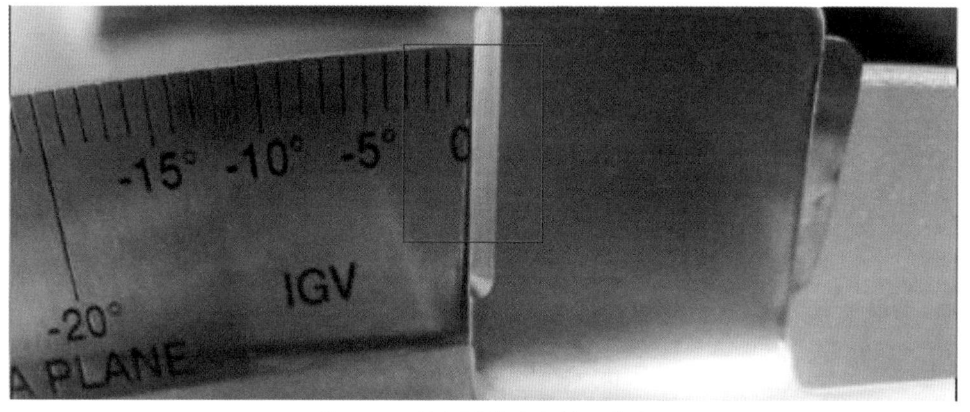

图 2-70 输入百分比参数示意图

⑤ 根据找到的百分比修改 KT_GV_Zero_Deg_Pcnt_Cmd。

（2）修改启动次数 Start_Count.Val 和运行时间 Engine_Fired_Hour_Count.Val

如图 2-71 所示。

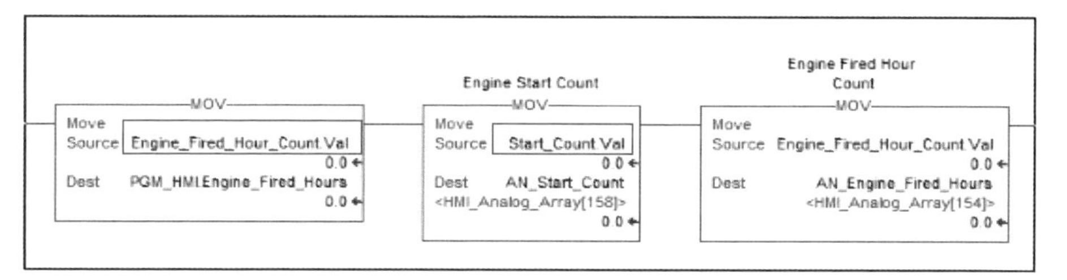

图 2-71 修改启动次数和运行时间示意图

（3）修改发动机序列号 KT_Engine_SN.Val

如图 2-72 所示。

名称	值
− KT_Engine_SN	{...}
KT_Engine_SN.Val	328.0
KT_Engine_SN.EuMax	328.0
KT_Engine_SN.EuMin	0.0
+ KT_Engine_SN.Eu	'None'

根据铭牌信息将发动机序列号改为0040

图 2-72 修改发动机序列号示意图

（4）修改 T5 Base 参数 KT_T5_Base_G.Val

如图 2-73 所示。

名称	值
− KT_T5_Base_G	{...}
KT_T5_Base_G.Val	1405.0
KT_T5_Base_G.EuMax	1500.0
KT_T5_Base_G.EuMin	1300.0
+ KT_T5_Base_G.Eu	'deg F'

根据铭牌信息改为1405

图 2-73 修改 T5 Base 参数示意图

（5）根据出厂信息修改 PT_Axial

如图 2-74 所示。

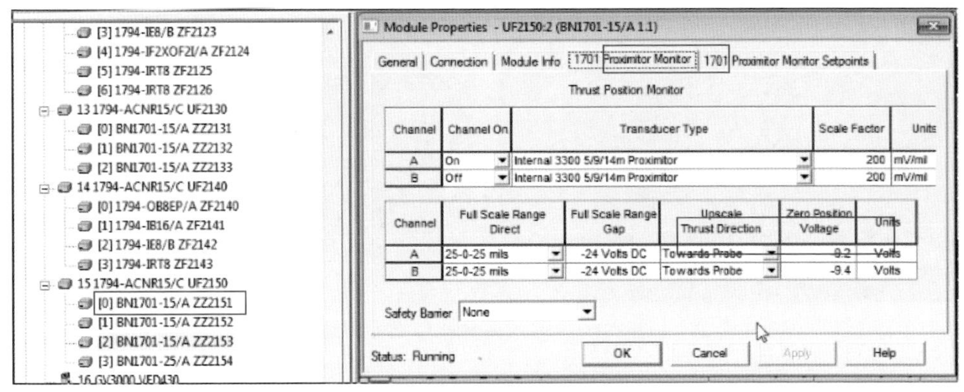

图 2-74　修改 PT_Axial 示意图

（6）根据出厂报告信息修改 GP_Axial

如图 2-75 所示。

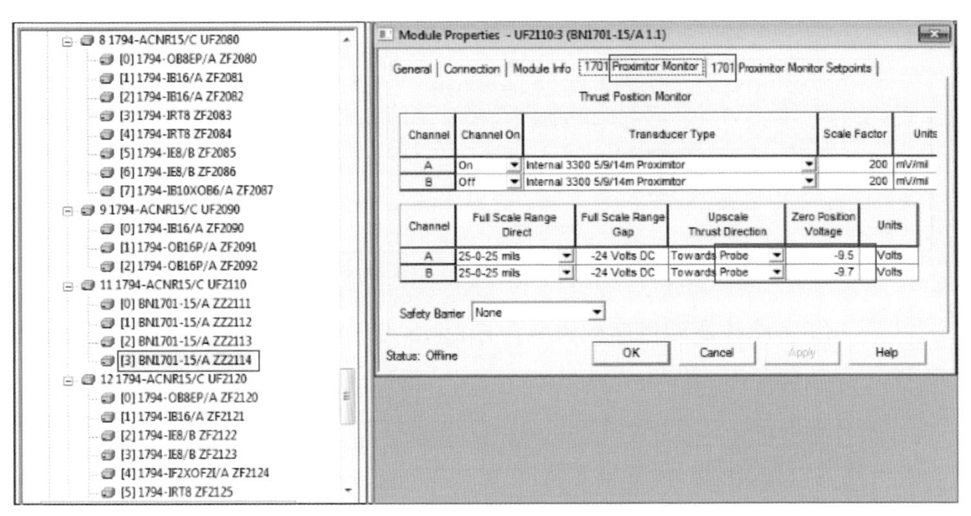

图 2-75　修改 GP_Axial 示意图

2.2.2.7　启机测试

（1）燃气轮机压缩机组 IGV 调整测试

联机根据新核芯铭牌上的要求修改 IGV 的 0 点角度对应的数值。手动控制 IGV（压气机进气可转导叶）由全关逐步至全开，再逐步全关，同时现场测量 IGV 角度是否一致，如图 2-76 所示。

图 2-76　燃气轮机压缩机组 IGV 调整测试示意图

（2）燃气轮机压缩机组 T5 基准温度修改

联机根据新核芯铭牌上的要求修改 T5 的基准温度数值。

（3）透平压缩组启机时间和启机次数清零

联机在程序里将机组启动时间和启动次数清零。

（4）瓶头阀回装

确认消防系统没有报警信号，消防系统处在旁通位置，回装二氧化碳气瓶瓶头阀。

（5）启机测试记录参数

① 启动燃气轮机压缩机组空载运行测试，观察各项参数以及现场是否有异常情况。

② 机组不带载运转 6h，同时监视机组各项参数并记录。

③ 机组带载运转 72h，同时监视机组各项参数并记录。

2.2.2.8　施工关键点控制

（1）管线要泄压；

（2）拆电气接线前要做好标记；

（3）隔离天然气和仪表气系统；

（4）利用吊具单独吊出相关零部件；

（5）更换所有拆过的 O 圈和垫片，新 O 圈要用凡士林润滑；

（6）所有拆开的管线需要用管帽堵上，杜绝用胶带；

（7）发动机拆了零件的孔需要用腊布封堵；

（8）确认核芯拆装过程的天气预报（标准 ES2295）；

（9）搬运设备和起重设备符合工程规范 ES2335；

（10）装卸设备负载测试和认证（船级社认证）。

2.3

项目创新技术

本项目在设备对中时，使用软件 alignment software，提升了工作效率。通常机组进行对中时，由人工计算出结果，再进行对中调整，过程比较繁琐，且容易出错，导致调整后对中数据与技术要求差别更大。本项目使用对中软件 alignment software 进行计算后，就可以进行对中调整。使用对中软件的优点是对中调整计算速度快和准，不需要进行大量的人工计算，只需要将打表数据输入到软件中，就能得出结果，大大提升对中工作效率。

对中软件 Solar Turbine alignment software 的操作方法总结如下。

（1）截图小框输入两 HUB 法兰面 FACE TO FACE 的图纸上标准距离，大框输入 FACE 和 BROE 的表读数，在所有参数都设置好的情况下才能点椭圆位置计算对中结果，如图 2-77 所示。

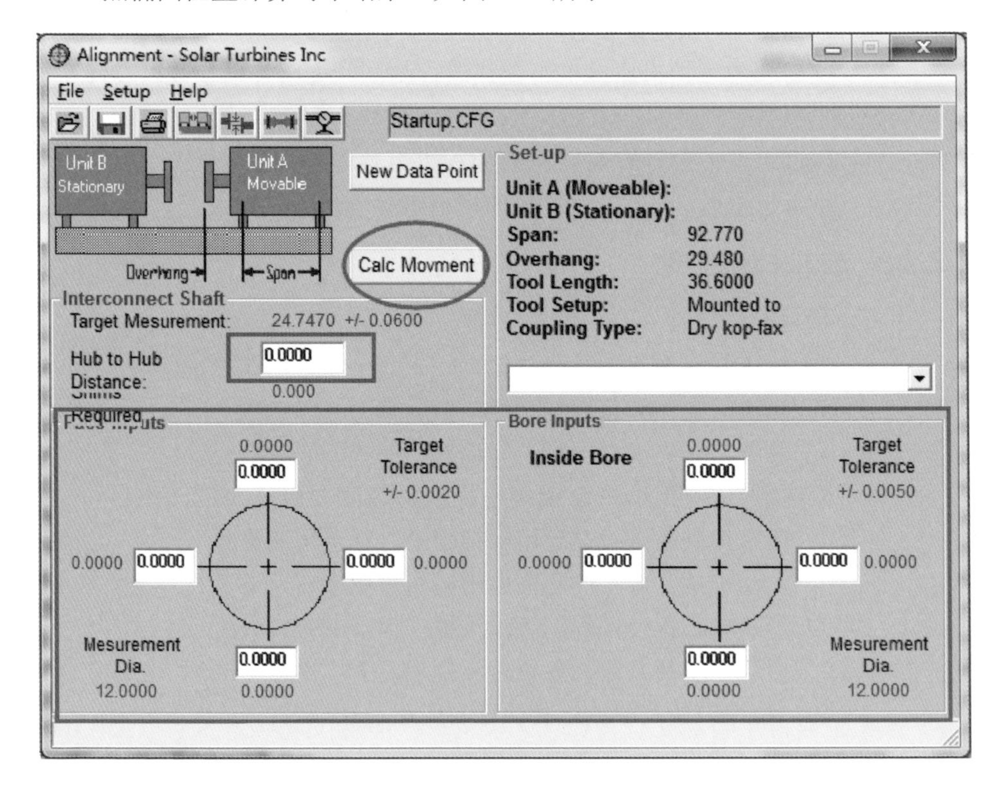

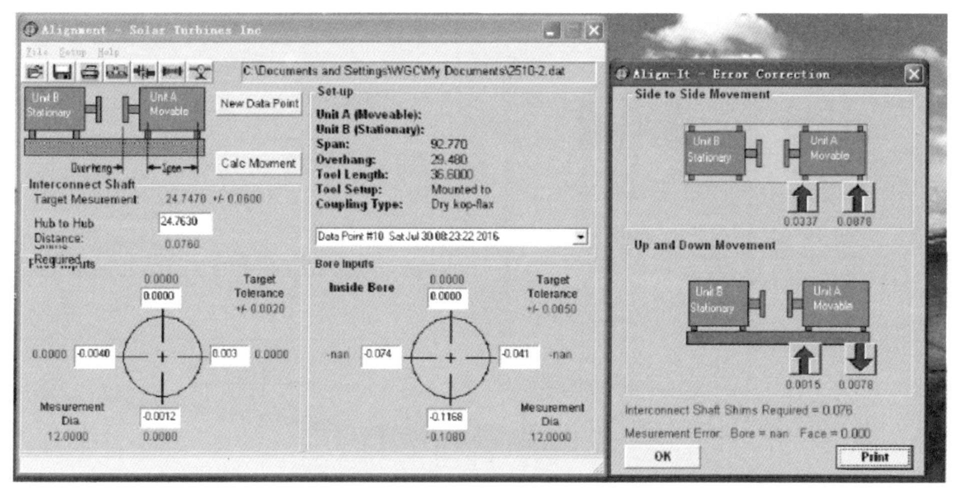

图 2-77 对中软件操作示意图（一）

（2）图 2-78 界面中，Shaft RPM 是压缩机转速，填入 11435，Bore Tol. 和 Face Tol. 是打表时圆周面和端面的打表最终读数的允许偏差，按照图纸输入，Movable Unit Span 是透平前后脚的距离（D1），Movable Unit Overhang 是透平近脚到 HUB 法兰面的距离（D2），Vertical Offset 输入 BORE 面 180° 值（BB），最下方选 Dry Coupling 干式联轴器，牌子输入 Kop-flax，最后的 Hub To Hub 输入 FACE TO FACE 的图纸上标准距离，如图 2-78 所示。

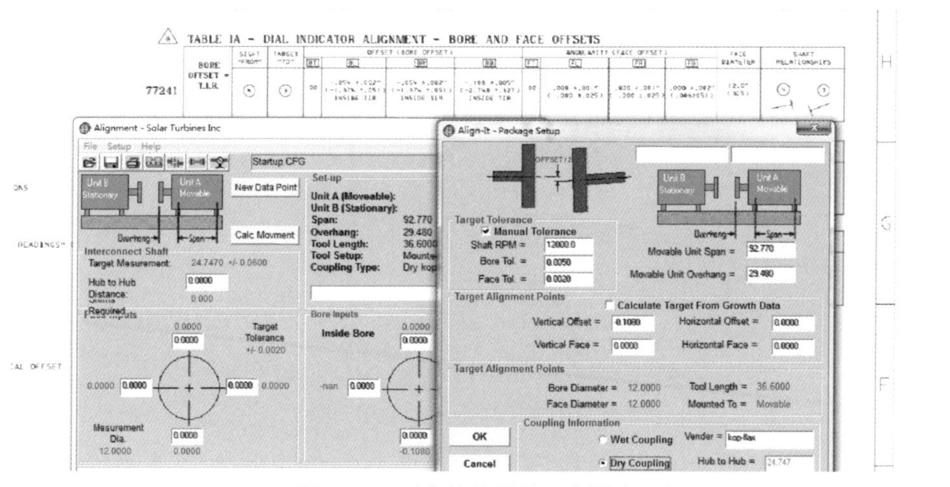

图 2-78 对中软件操作示意图（二）

（3）根据提示需要填入最大垫片厚度 Total Shims，图纸给定的值是单边最大厚度，因此输入的值需要乘以 2，根据图纸填入联轴器长度 Center Spool 和预伸长量 Pre-Stretch，如图 2-79 所示。

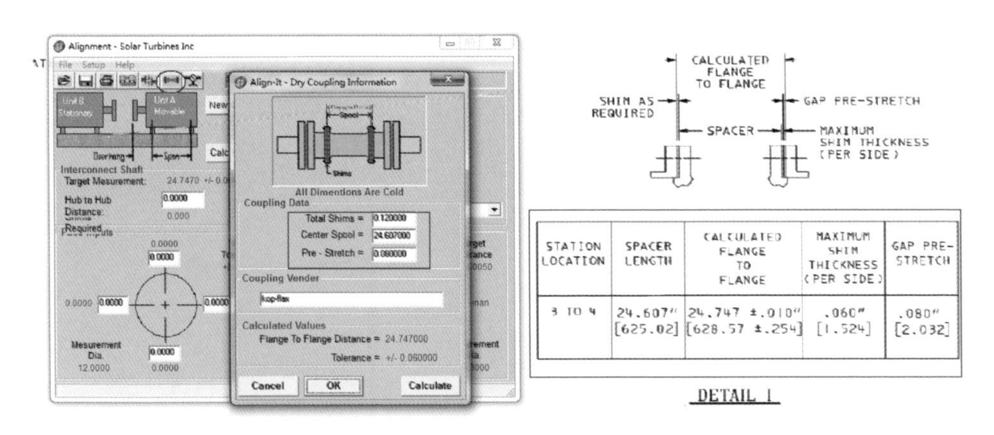

STATION LOCATION	SPACER LENGTH	CALCULATED FLANGE TO FLANGE	MAXIMUM SHIM THICKNESS (PER SIDE)	GAP PRE-STRETCH
3 TO 4	24.607″ [625.02]	24.747 ±.010″ [628.57 ±.254]	.060″ [1.524]	.080″ [2.032]

图 2-79　对中软件操作示意图（三）

（4）测量表的设置界面根据现场实际情况将千分表安装圆周位置 Broe Diameter 勾选内侧 Inside。因为本程序的基础设置是设备 B 静止，设备 A 移动，所以工具安装位置（Tooling Mounted To）应该选择：Unit B（设备 B）。Tooling 选项里面工具长度 Tooling Length 应该选择联轴器压缩机端 HUB 面到测量端面的距离（D3），详见图 2-80 关于透平尺寸 D3 的描述。

圆周面内侧直径 Bore Inside Diameter 按照图纸填写 12in（1in=0.0254m，下同），圆周面外侧直径 Bore Outside Diameter 因为使用不到可以估填。端面直径 Face Diameter 按照图纸填写 12in，如图 2-80 所示。

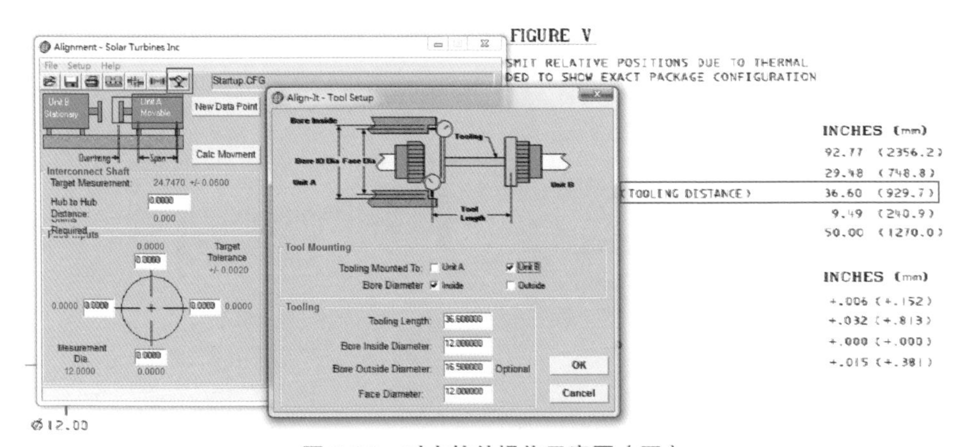

图 2-80　对中软件操作示意图（四）

（5）所有参数设置好以后在下图的 Bore 和 Face 输入测量的数值，点击 Calc Movment 按钮计算出垫片的加减值和设备的左右偏差值，再根据现场情况进行修正，如图 2-81 所示。

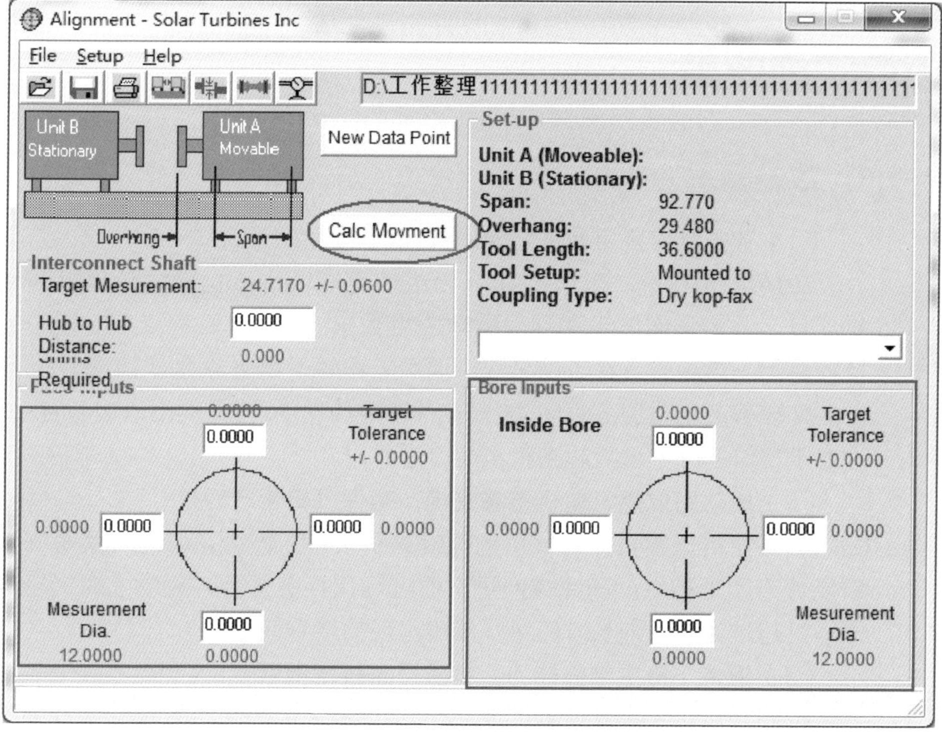

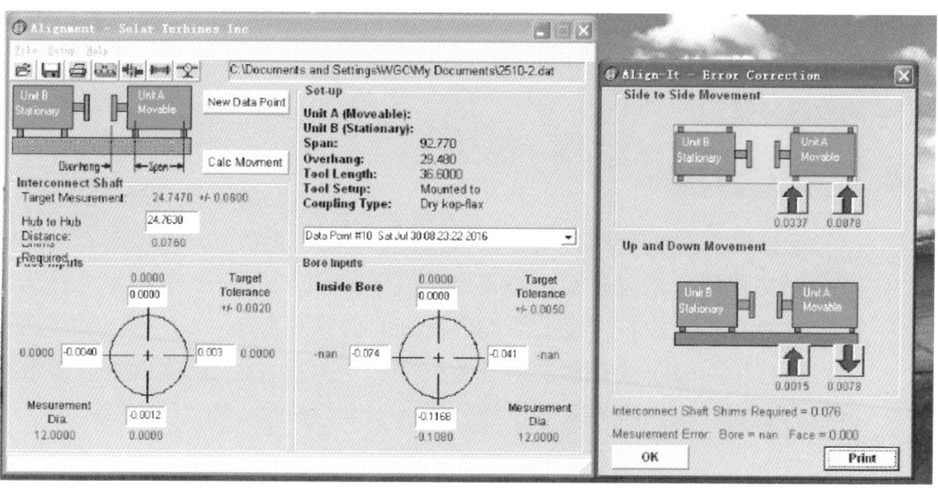

图 2-81 对中软件操作示意图（五）

2.4 项目实施效果

2.4.1 效益情况

（1）节省维修费用和维修时间

2016 年 5 月份，乐东 22-1 气田成功完成两台索拉燃气轮机核芯交换项目，并将该实践于 7 月份成功应用到东方 1-1 气田索拉 T70 核芯更换项目上。该项目节约了一名索拉现场工程师现场服务时间 14 天，节约六名外委劳务人员服务时间 45 天，共计节约约 50 万元的维修服务费用，这对于气田的降本增效起到积极的促进作用。

（2）成功完成燃气轮机核芯交换，确保气田生产时效

燃气轮机压缩机作为气田的关键外输设备，能否正常运转关系到气田能否连续平稳生产和完成产量。通过这次核芯更换，避免了燃气轮机压缩机超过大修周期长时间运行可能出现的严重问题。

（3）锻炼了自主维修能力，打破厂家技术垄断

按照“引进、消化吸收、再创新”方法，实现进口关键设备自主维修。通过这次自主核芯更换，突破厂家技术保护壁垒，掌握了索拉燃气轮机核芯交换技术，组建并锻炼了索拉燃气轮机维修队伍，积累了大量的实战经验。

2.4.2 推广分析

索拉燃气轮机核芯自主更换结束后，乐东 22-1 气田针对该项工作编写了图文化操作规程，总结核芯更换工作，为以后整个作业公司后期透平索拉燃气轮机核芯更换工作提供良好的借鉴和参考。

东方作业公司共有索拉燃气轮机核芯 15 台，按照此次自主更换索拉核芯的模式，预计能为东方作业公司节省维修费用 300 万元左右。

第 3 章　燃气轮机压缩机内缸更换项目实施

3.1 项目背景

乐东 22-1 气田配置有三台美国索拉公司生产的燃气轮机压缩机组，驱动机为金牛座 T70 型燃气轮机，燃气轮机压缩机为 C3389HEL 筒型离心压缩机（也称垂直剖分型离心压缩机）。

2013 年，天然气离心压缩机 A 因转子结垢导致振动高，关停无法启动，在经过对中、转子做动平衡和转子清洗诸多措施都无法解决的情况下，整机送往美国工厂解体维修。整个周期长达 6 个月，维修费用 250 万元，但是送修回来的机组仅仅运转 3 个月，振动值又开始逐渐升高。

2014 年，该天然气离心压缩机又出现振动高无法启动的问题。考虑到整机送往美国维修费用高、周期长、并且严重影响气田产量等问题，于是开始国产化维修探索。2015 年，经过陕鼓动力维修后的离心式压缩机叶轮由于还存在无法使用激光熔覆技术修复的裂痕的问题，机组运转不足 4 个月，又出现振动高无法启动的问题。

因此，作业公司决定采购新压缩机内缸进行更换，彻底解决这一问题。然而，成熟的压缩机内缸更换技术目前只有美国提供，不仅服务费用高昂，而且周期长。面对这些难题，作业公司和气田动力班组决定尝试自主更换天然气离心式压缩机内缸。

3.2 项目实施

3.2.1 准备工作

3.2.1.1 资料准备

（1）压缩机铭牌，熟悉压缩机型号、级数、最大最小连续运转转速、一阶临界转速等参数。

（2）压缩机组备件手册

① 熟知压缩机章节，主要是了解压缩机包含的零部件及装配先后顺序；

② 了解需要更换、准备的密封件或零部件。

（3）压缩机组维保手册

① 了解压缩机重量以便吊装和吊具准备；

② 理解压缩机内缸更换步骤和方法，比如联轴器拆装、压缩机从基座拆出和安装、轴承拆装、缓冲气密封拆装、干气密封拆装、端盖拆装、内缸拆装等操作程序及注意事项；

③ 掌握零部件装配公差要求。

（4）压缩机机械装备图纸

① 了解内缸更换需要的空间距离；

② 了解地脚螺栓拆装方法和相关扭矩要求；

③ 了解机组对中要求。

3.2.1.2 工具准备

（1）专用工具准备

燃气轮机压缩机内缸更换项目所需专用工具如表 3-1 所示。

表 3-1 燃气轮机压缩机内缸更换项目所需专用工具

序号	专业工具代号	数量和单位
1	FT43106	2 套
2	FT44401	1 套
3	FT44402	1 把
4	FT44408	1 把

续表

序号	专业工具代号	数量和单位
5	FT43203	1 把
6	FT44431	1 把
7	FT61036-101	1 把
8	FT43174	1 把
9	FT43213	2 把
10	FT44407	2 把
11	FT44432	3 把
12	FT44419	1 个
13	FT43205	1 把
14	FT44409	1 把
15	FT44424	1 把
16	FT44400	1 把
17	FT44423	1 把
18	FT43106	1 把
19	FT44001	1 把
20	FT44418	1 把
21	FT44435	1 个
22	FT44403	1 台
23	FT43202	1 个
24	FT61115	
25	FT44018-103（包括 FT44018-1 和 FT44018-2）	1 个
26	FT44015-100（包括 8 个顶出工具）	5 个
27	FT44008	
28	FT44052	

（2）通用工具准备

燃气轮机压缩机内缸更换项目所需通用工具如表 3-2 所示。

表 3-2　燃气轮机压缩机内缸更换项目所需通用工具清单

序号	工具名称	数量和单位
1	英制梅花开口扳手	2 套
2	英制套筒（加 3 个加长杆）	1 套
3	胶锤	1 把
4	铜锤	1 把
5	内六角扳手	1 把

续表

序号	工具名称	数量和单位
6	8″活动扳手	1把
7	10″活动扳手	1把
8	斜口钳	1把
9	一字螺栓刀	2把
10	十字螺丝刀	2把
11	扭矩扳手	3把
12	扭矩放大器	1个
13	大力钳	1把
14	深度尺	1把
15	内径千分尺	1把
16	水平尺	1把
17	游标卡尺	1把
18	卷尺	1把
19	角尺	1把
20	撬棍	1把
21	照明灯	1个
22	照相机	1台
23	不锈钢盆	1个
24	加热电磁炉	1个
25	装备件的塑料箱	5个

3.2.1.3 耗材准备

抹布半袋，丝扣油1瓶，凡士林1瓶，螺纹松动剂1瓶，电子元件清洗剂1瓶。

3.2.1.4 机具准备

25t吊车1台（有8t卸扣4个、10t吊带2条）。

3.2.2 施工步骤

3.2.2.1 后端轴系零部件拆出

（1）拆出出口端盖的盖板

拧下后端盖盖板上的四个固定螺栓，将盖板拆下，如图3-1所示。

图 3-1　拆出出口端盖的盖板示意图

（2）拆出动平衡盘

① 在平衡盘与其锁紧螺母上做好标记后，用专用工具 FT43106 将平衡盘锁紧螺母上的卡环拉直，从前端固定转子防止其转动，用 FT44418 专用工具拧松后端平衡盘锁紧螺母，随后取出平衡盘锁紧螺母和卡环，如图 3-2 所示。

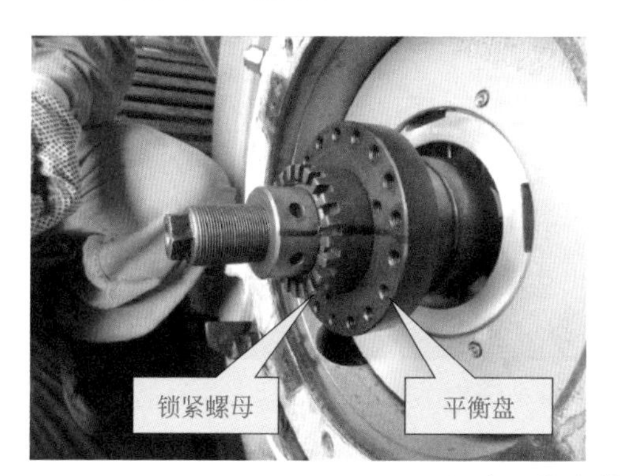

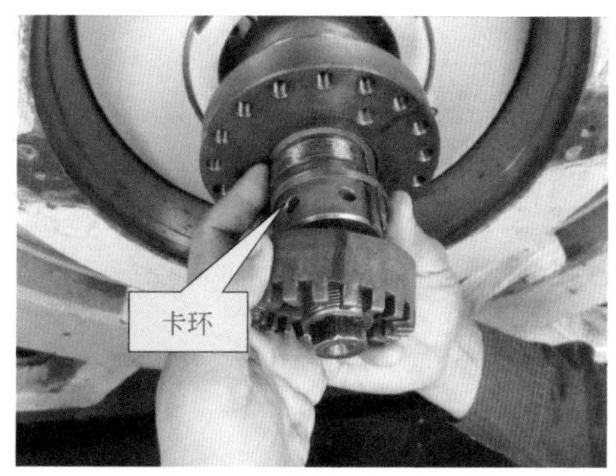

图 3-2　取出平衡盘锁紧螺母和卡环示意图

② 将专用工具 FT44001 固定在平衡盘上，用 1in 套筒从前端固定转子防止其转动，旋转 FT44001 顶丝将平衡盘拉出，如图 3-3 所示。

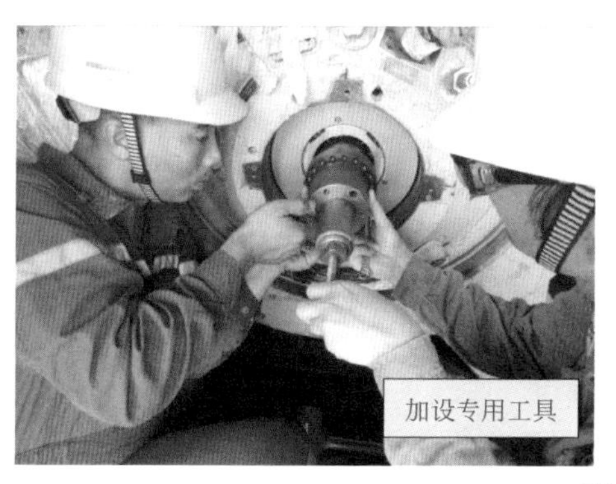

图 3-3

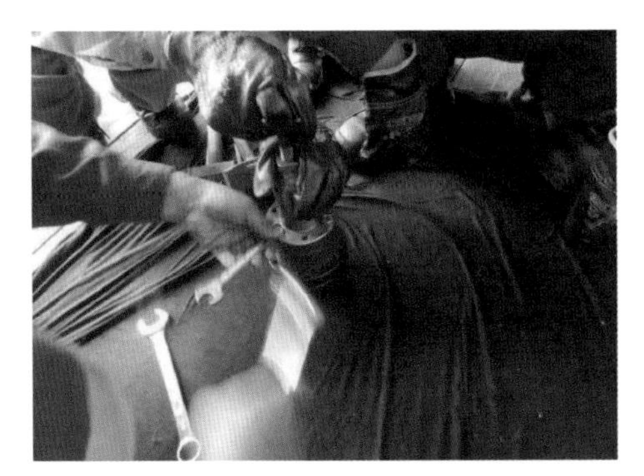

图 3-3　加设专用工具及固定转子示意图

（3）拆出出口端振动探头盖板

在振动探头座和探头座盖板上做好标记后，拆下探头座盖板的三颗固定螺栓，取下盖板，如图 3-4 所示。

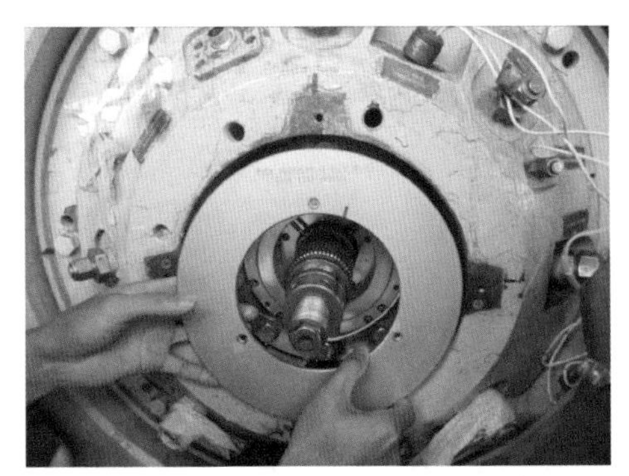

图 3-4　拆出出口端振动探头盖板示意图

（4）拆出振动探头和温度探头的航空插头

用一字螺丝刀拆下振动探头接线固定环，拆下温度传感器航空插头固定支架，接线端做好标记后，用工具 FT61115-100 将航空插头拆下，如图 3-5 所示。

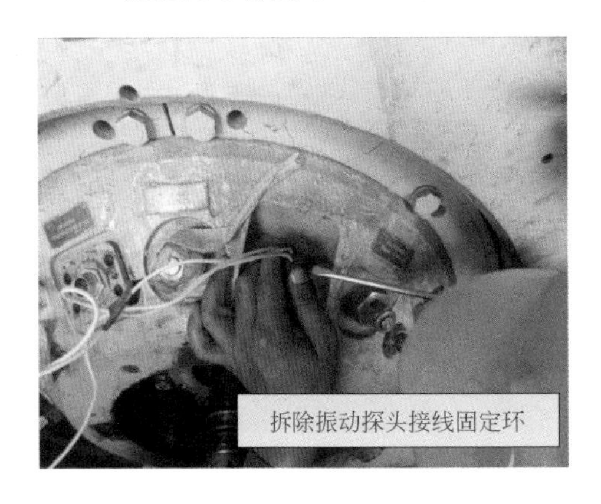

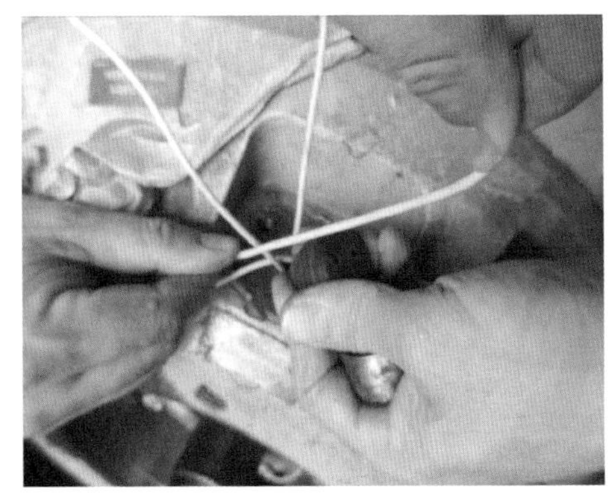

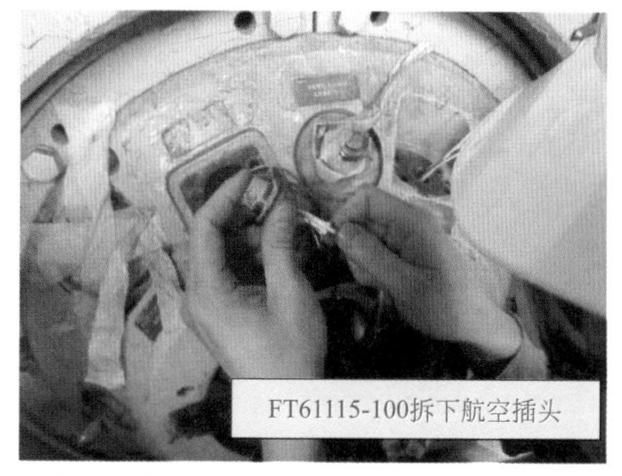

图 3-5　拆出振动探头和温度探头的航空插头示意图

（5）拆出出口端振动探头座及振动探头

拆下振动探头座的五颗固定螺栓，用专用工具 FT44431-101 将振动探头座与振动探头一起拉出来，如图 3-6 所示。

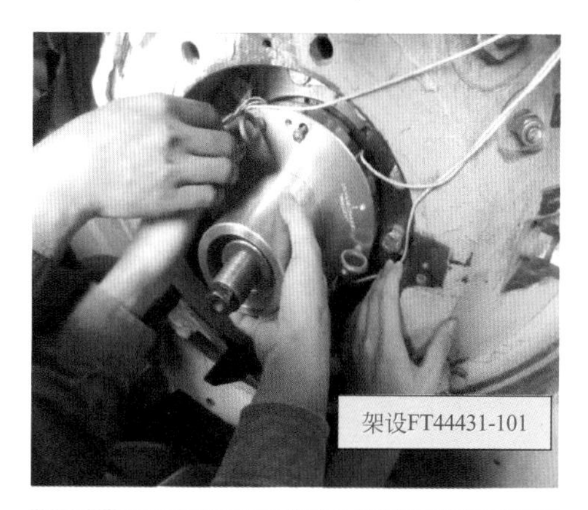

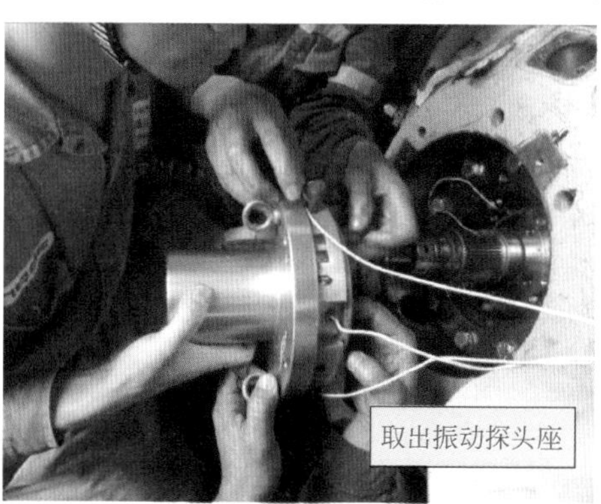

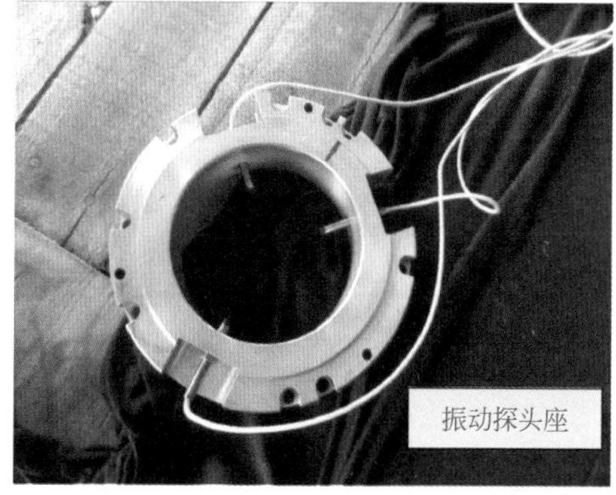

图 3-6　拆出出口端振动探头座及振动探头示意图

（6）拆出出口端可倾瓦轴承和轴承座

① 拆下可倾瓦轴承上的固定螺栓，将保护套筒套上轴端，用专用工具 FT44407-100 将可倾瓦轴承拉出，如图 3-7 所示。

装上保护套筒

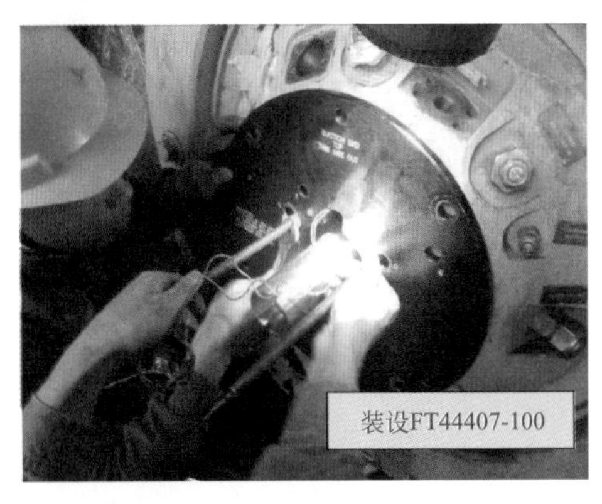

装设FT44407-100

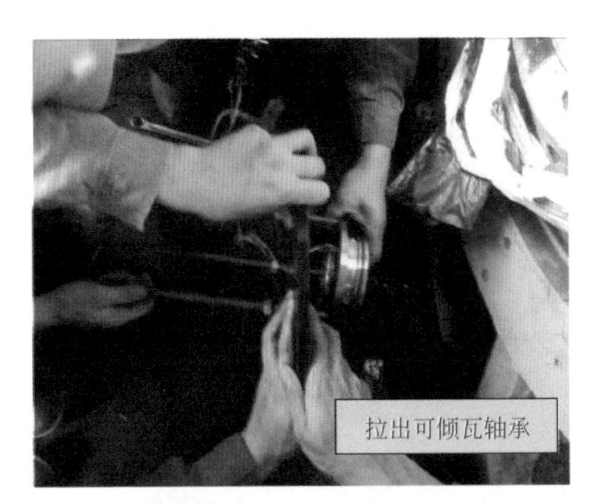

拉出可倾瓦轴承

取出可倾瓦轴承后

图 3-7　拉出可倾瓦轴承示意图

② 先用深度尺测量可倾瓦轴承套座外端面至后端盖外端面的距离（上：82.45mm，下：82.45mm）以及可倾瓦轴承与轴承套座接合面（内侧面）至拉杆锁紧螺母外端面的距离（181.55mm、181.35mm），如图 3-8 所示。

图 3-8 测量可倾瓦轴承套座外端面至后端盖外端面的距离示意图

③ 安装保护套筒，用套筒扳手松开可倾瓦轴承套座的固定螺栓，安装专用工具 FT44407，将可倾瓦轴承套座拉出，如图 3-9 所示。

图 3-9 拉出可倾瓦轴承套座

(7) 拆出口端缓冲气密封和缓冲气密封座

安装专用工具 FT44407，将后端缓冲气密封与缓冲气密封座一起拉出来，如图 3-10 所示。

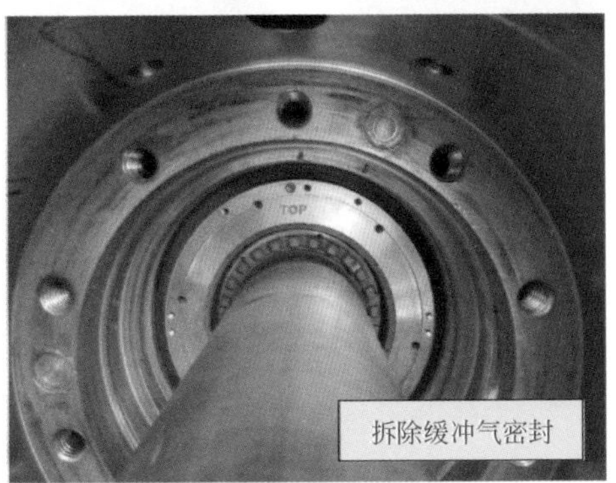

图 3-10　拆出口端缓冲气密封和缓冲气密封座示意图

(8) 拆出口端干气密封

① 用一字螺丝刀将干气密封锁紧螺母上的卡环拉直，用一寸扳手从前端固定转子防止其转动，用 FT44419-101 松开干气密封锁紧螺母，取出锁紧螺母和卡环，如图 3-11 所示。

图 3-11　取出锁紧螺母和卡环示意图

② 用深度尺测量压缩机后端干气密封外侧端面至拉杆锁紧螺母的距离（251.30mm），从前端转动转子至合适位置使干气密封安装盘的孔位与干气密封孔位吻合，然后将干气密封安装盘安装到干气密封上，用专用工具 FT44407 将干气密封拉出后，用塑料袋将后端暂时封装，然后拆前端轴系部件，如图 3-12 所示。

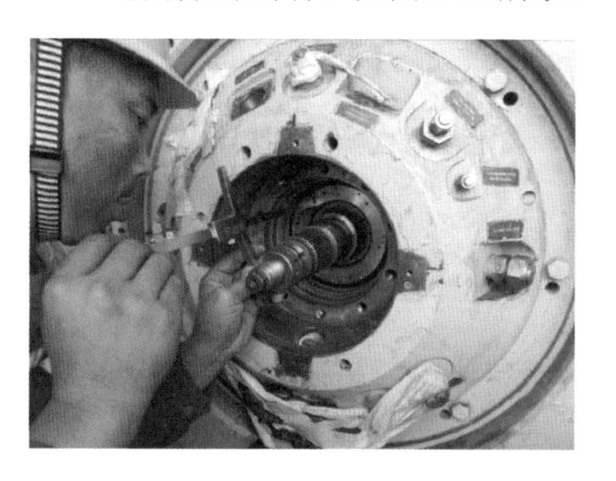

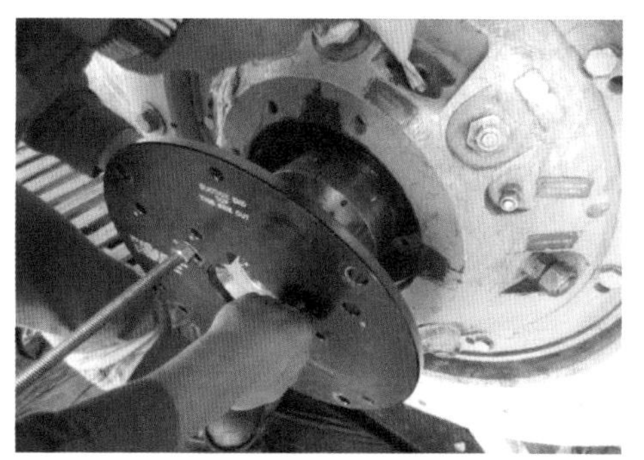

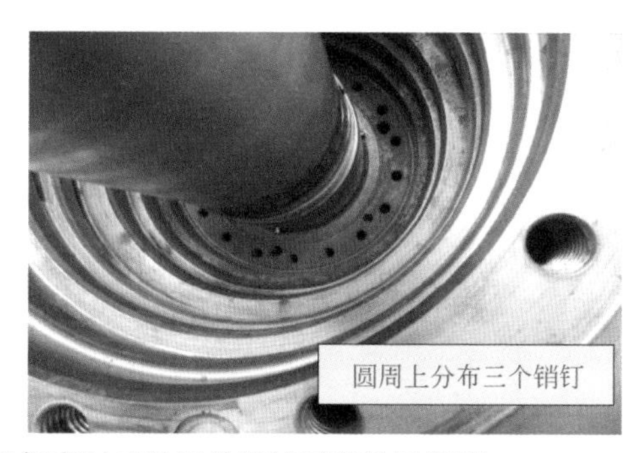

图 3-12　将干气密封安装盘安装到干气密封以及拆前端轴系部件示意图

3.2.2.2　前端轴系零部件拆出

（1）拆出联轴节靠背轮

① 用专用工具 FT43106 将前端靠背轮锁紧螺母上的卡环拉直，从后

端固定压缩机转子防止转动，然后用专用工具 F44418 扳手将靠背轮锁紧螺母松开，将锁紧螺母和卡环取出，如图 3-13 所示。

图 3-13　取出锁紧螺母和卡环示意图

② 用扳手从后端将压缩机转子固定，用专用工具 FT43174 将靠背轮拉出来，松开联轴节盖板适配圈螺栓，将联轴节盖板适配圈拆下，如图 3-14 所示。

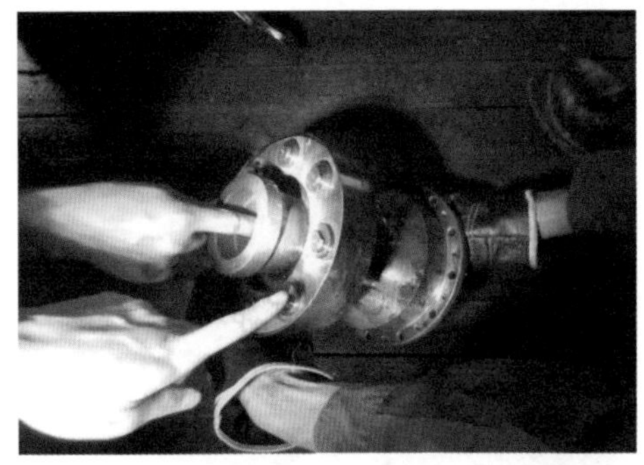

图 3-14　拆卸联轴节盖板适配圈示意图

（2）拆出振动探头盖板

松开振动探头座盖板固定螺栓，将盖板拆下，如图 3-15 所示。

图 3-15　拆出振动探头盖板示意图

（3）拆出振动和温度探头的航空插头

① 将振动探头接线固定塞拆下，将温度探头的接线航空插头固定支架拆下取出航空插头，如图 3-16 所示。

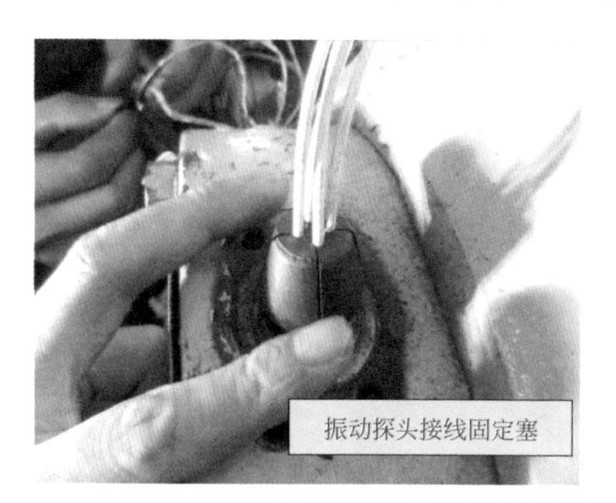

图 3-16　拆卸振动探头及温度探头的航空插头示意图

② 将振动探头接线做好标记后，用工具 FT61115-100 将接线端子从航空插头上拆下，其中 B、C、D、E、N、P、R、S 等 8 个接头较难拆下，且从陕鼓送回来的工具 FT61115-100 存在一定程度的破损，为避免接线端子损坏，于是取用新的 FT61115-100，将航空插头上的接线全部取下，拆下航空插头，如图 3-17 所示。

（4）拆出振动探头座及振动探头

将振动探头座的固定内六角螺栓拆除，安装上保护套筒 FT43202，用内六角螺栓将振动探头座拉出，如图 3-18 所示。

图 3-17　取出新的 FT61115-100 以及拆卸航空插头示意图

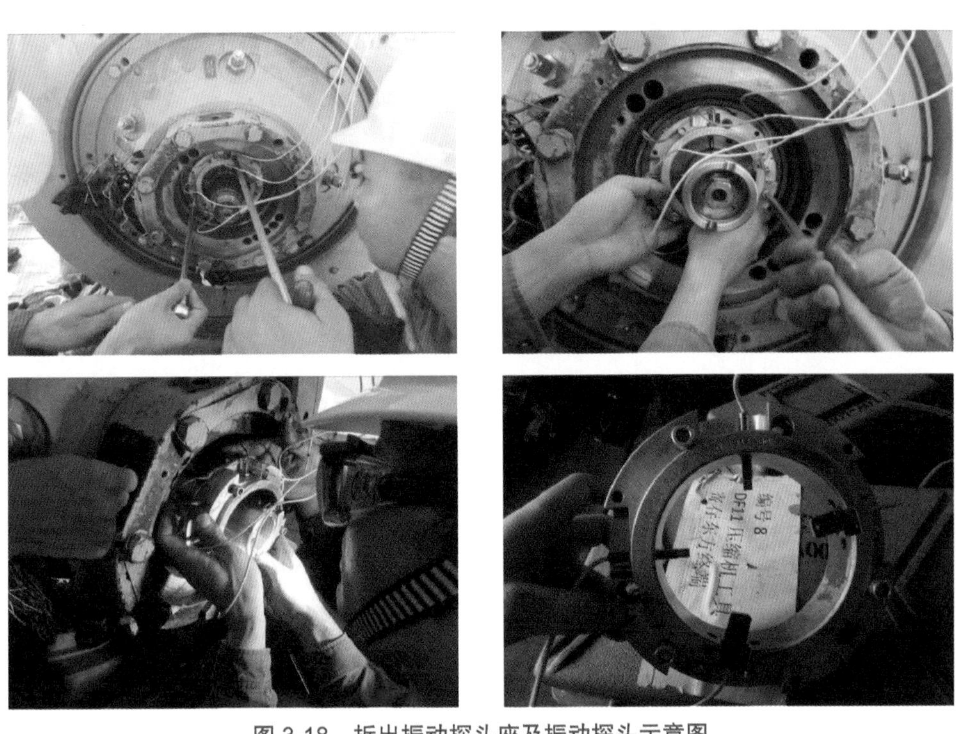

图 3-18　拆出振动探头座及振动探头示意图

（5）拆出可倾瓦轴承和轴承座（径向轴承）

用深度尺测量进口端拉杆外端面至可倾瓦轴承外侧端面（非内六角螺栓端面）距离（上：145.85mm，下：145.80mm），如图 3-19 所示。

图 3-19　拆出可倾瓦轴承和轴承座示意图

（6）拆出进口端外推力轴承

安装 FT44407-100 拉出可倾瓦轴承和外侧推力轴承。可倾瓦轴承是通过内六角固定在外侧推力轴承上，原计划将可倾瓦轴承和外侧推力轴承分开拉出，在专用工具核对中发现缺少了拉出外侧推力轴承的拉杆，于是将前端可倾瓦轴承和外侧推力轴承一起拉出，并取出调整垫片，如图 3-20 所示。

图 3-20　拆出进口端外推力轴承示意图

（7）拆出推力盘（轴肩）

① 可倾瓦轴承和外侧推力轴承取出后，测量轴肩外端面至前端短轴外侧端面（非六角螺杆端面）距离（上：221.85mm，下：221.85mm），用一字螺丝刀将推力轴肩锁紧螺母的卡环拉直后，安装 FT44408 扳手松开推力轴承的锁紧螺母，取出锁紧螺母以及卡环，如图 3-21 所示。

图 3-21　取出锁紧螺母以及卡环等示意图

② 安装 FT43205 工具，用 7/8 套筒扳手从压缩机后端固定转子防止其转动，旋转 FT43205 顶丝将推力轴肩拉出，如图 3-22 所示。

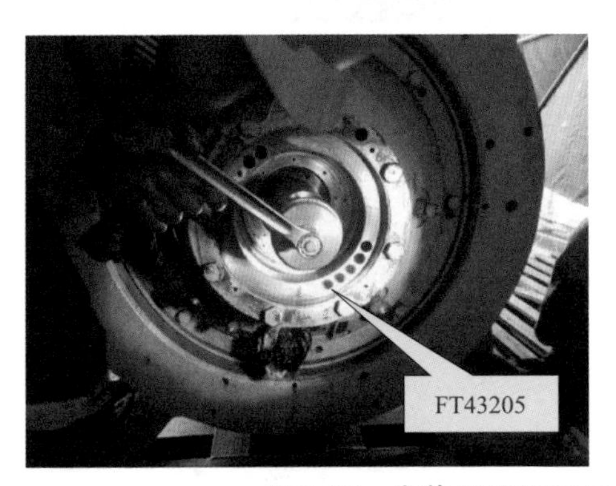

图 3-22　安装 FT43205 工具以及拉出推力轴肩示意图

（8）拆出进口端的轴承座和内侧推力轴承

用一字螺丝刀将压缩机前端轴承座固定螺栓的锁紧卡片拉直，松开固定螺栓，安装简易的支撑架后，用拆卸下来的固定螺栓从顶丝孔将后端的轴承座与内侧推力轴承顶出（内侧推力轴承通过内六角螺栓固定在轴承座上），如图3-23所示。

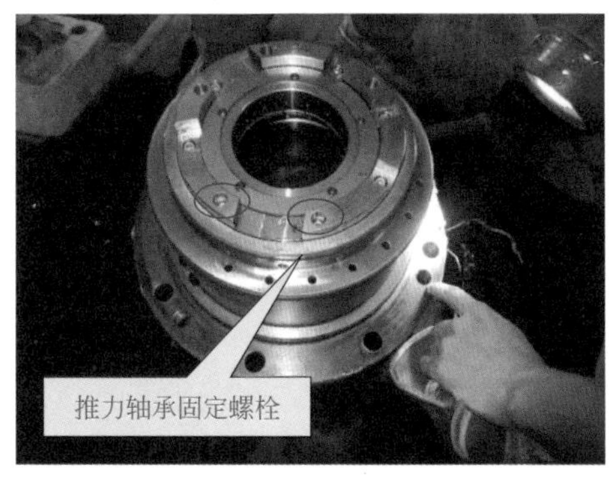

图3-23　拆出进口端的轴承座和内侧推力轴承示意图

（9）拆出进口端缓冲气密封和缓冲气密封座

测量缓冲气密封外侧端面（内六角面）至短轴外侧端面（非六角螺栓端面）的距离（上：278.50mm，下：278.45mm），测量压缩机前端外侧端面至进口缓冲气密封外侧端面（非内六角面）的距离（上：171.00mm，下：171.05mm），安装FT44407-100工具将缓冲气密封与密封座一起拉出，如图3-24所示。注意检查并清洁缓冲气密封。

图3-24　测量压缩机前端外侧端面至进口缓冲气密封外侧端面距离示意图

（10）拆出进口端干气密封

① 测量前端干气密封外端面至短轴外侧端面（非六角螺栓面）的距离（上：302.80mm/302.85mm，下：302.35mm/302.40mm，测量几次的结果，上下两侧数据相差0.45mm左右），更换合适的保护套筒，用一字螺丝刀松开干气密封锁紧螺母的卡环，从后端固定转子防止转动，用FT44419-101扳手松开干气密封锁紧螺母并将其与卡环取出，如图3-25所示。

② 从后端转动转子至合适位置使干气密封安装盘的螺栓孔位与干气密封孔位吻合，然后将干气密封安装盘安装到干气密封上，用FT44407将干气密封拉出来，然后用塑料薄膜封装，如图3-26所示。

图 3-25　松开干气密封锁紧螺母并将其与卡环取出示意图

安装干气密封安装盘

安装FT44407

前端干气密封

取出干气密封后

图 3-26　安装干气密封安装盘及取出干气密封示意图

3.2.2.3 拆出后端的端盖

（1）拆出六角螺栓（共 10 颗），顶出开口环

将压缩机后端端盖锁紧开口环固定螺栓拆下，用锈敌清理顶丝孔后，用螺栓将固定开口环顶出来，如图 3-27 所示。

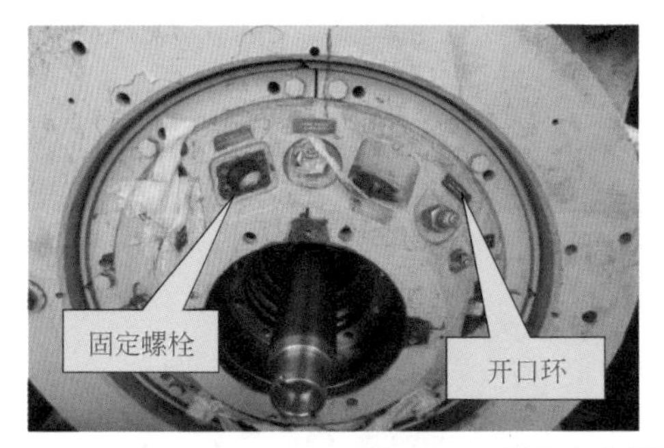

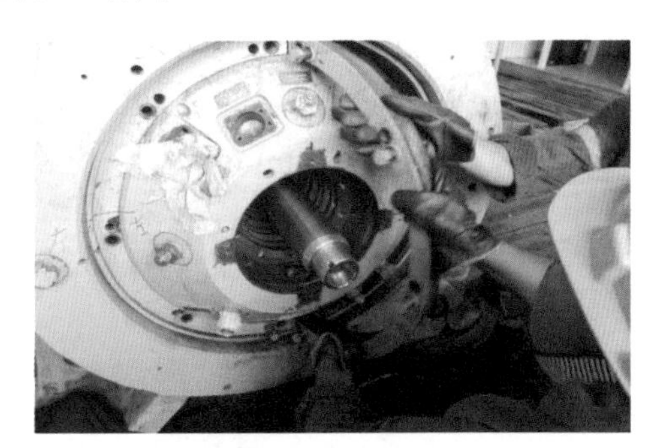

图 3-27　拆出六角螺栓及顶出开口环示意图

（2）取出分段环（4 块）

用撬棍将分段锲紧环取下，如图 3-28 所示。

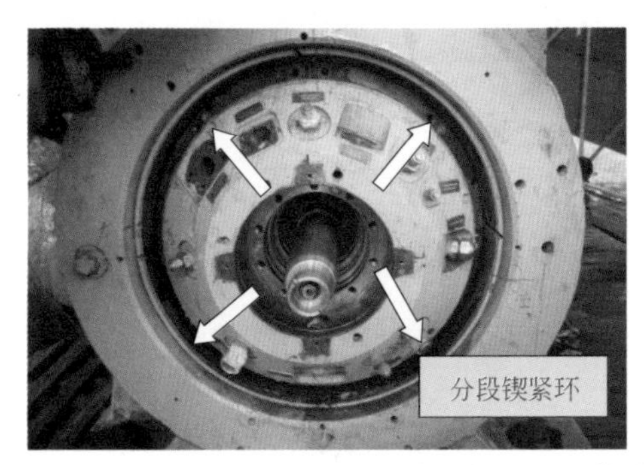

图 3-28　取出分段环示意图

（3）安装端盖顶出和吊装工具并用葫芦吊挂好，调节好挂具重心

① 整理端盖拆除工具 FT44015，如图 3-29 所示。

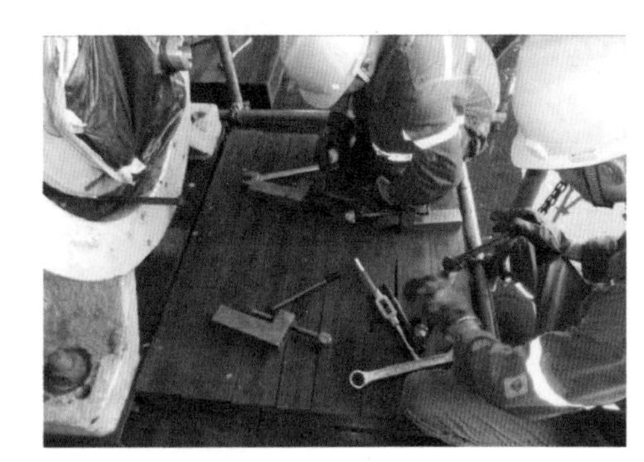

图 3-29　整理端盖拆除工具示意图

② 丝锥修理后端盖 FT44015 工具安装孔位并用锈敌清理，并安装顶丝工具 FT44015，如图 3-30 所示。

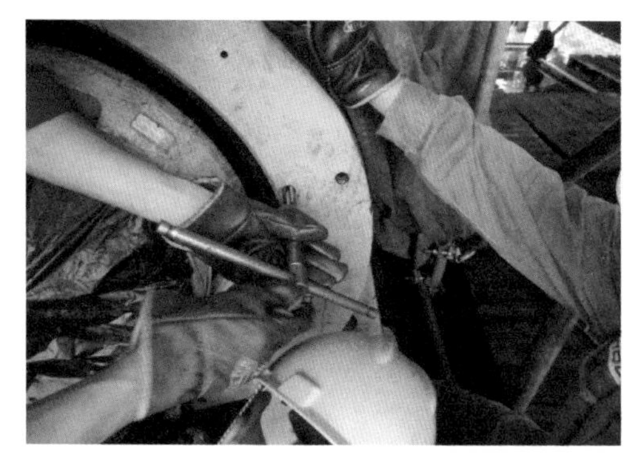

图 3-30 安装顶丝工具示意图

③ 测量压缩机后端端盖至机壳后端外立面的距离（上：111.55mm，下：111.35mm，左：111.20mm，右：111.20mm），如图 3-31 所示。

图 3-31 测量压缩机后端端盖至机壳后端外立面的距离示意图

④ 将压缩机后端盖吊装和拆除工具的安装螺栓孔用丝锥和锈敌清理后，安装吊装和拆除工具，如图 3-32 所示。

图 3-32 安装吊装和拆除工具示意图

（4）利用顶丝缓慢顶出端盖

将吊装拆除工具的吊耳挂到导链上，调整导链至合适的松紧度，然后同时在对角方向慢慢地旋转拆除工具的顶丝，将端盖顶出来，该过程中根据需要不断地调整导链的松紧度，如图 3-33 所示。

图 3-33　利用顶丝缓慢顶出端盖示意图

（5）吊出后端的端盖

吊出后端的端盖，如图 3-34 所示。

图 3-34　吊出后端的端盖示意图

3.2.2.4　更换内缸

（1）在前端安装模拟轴承 FT44052

安装模拟轴承 FT44052，如图 3-35 所示。

（2）在后端安装内缸安装 / 抽出工具 FT44008

① 准备拉转子前，先测量压缩机内缸（即转子总成）外立面至机壳止口的距离，将短轴保护套筒无法套到的螺纹缠上胶布防止剐蹭损伤螺纹，如图 3-36 所示。

图 3-35　在前端安装模拟轴承 FT44052 示意图

图 3-36　安装 FT44008 示意图

② 缓慢给移除工具（实际是液压工具）FT44008 打压，开始拉动。

（3）在后端安装吊装工具 FT4018 并挂好手拉葫芦

用 10t 叉车协助吊出压缩机转子内缸，将叉车停靠在合适位置，叉车两个叉杆做吊点挂上导链，将后端的短轴吊具 FT44018 安装到压缩机后端短轴拉杆上并挂上导链，如图 3-37 所示。

图 3-37　在后端安装吊装工具 FT4018 并挂好手拉葫芦示意图

（4）利用液压工具慢慢抽出内缸

缓慢加压拉出转子内缸，当转子内缸拉出两级叶轮后，压缩机前端短轴已与模拟轴承分离，将模拟轴承拆下，如图 3-38 所示。

图 3-38　利用液压工具抽出内缸示意图

（5）在内缸中间用吊带固定

在 10t 叉车叉杆上加挂一个导链，然后用吊带将压缩机转子内缸捆绑好，挂上导链，增加承重点防止转子内缸在移出过程中突然脱落，然后继续加压将转子内缸缓慢地移除压缩机壳体，在移出过程中根据需要调整两个导链的松紧度、吊带在转子内缸上的捆绑位置以及叉车叉杆的位置，如图 3-39 所示。

图 3-39　内缸中间用吊带固定示意图

（6）保持水平吊出旧内缸并放置固定

将转子内缸拉出至 FT44008 工具的液压缸无法移动后，将液压工具拆下，通过叉车和导链配合，在转子上方放置水平尺以调整转子的水平度，将转子内缸缓慢吊装出遮雨棚，放置在空旷的场地上，下方垫置木托板，架设防滑木块防止其转动，盖上两层塑料薄膜防雨，如图 3-40 所示。

图 3-40　保持水平吊出旧内缸并放置固定示意图

（7）清洁外缸的腔体和端盖

清理压缩机前、后端盖以及压缩机机壳内部的锈迹、铁屑，如图3-41所示。

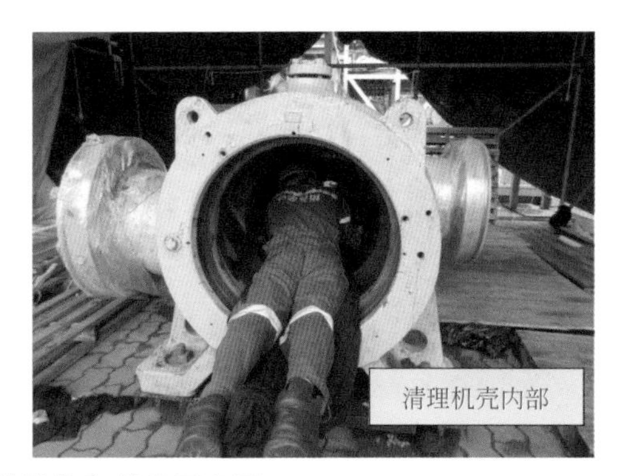

图3-41　清洁外缸的腔体和端盖示意图

（8）检查旧内缸并记录相关情况

检查拆下来的旧内缸有无腐蚀，O圈是否齐全、破损，短轴是否有弯曲划痕等问题，如图3-42所示。

图 3-42　检查旧内缸并记录示意图

（9）测量新旧内缸相关尺寸，对比判断是否可以互换

① 测量压缩机旧内缸短轴的相关尺寸，包括各段短轴的轴径、各段短轴端面至拉杆锁紧套环的距离等，如图 3-43 所示。

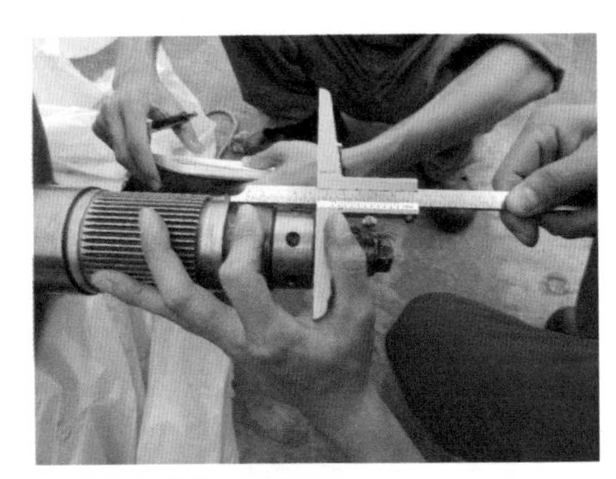

图 3-43 测量压缩机旧内缸短轴的相关尺寸示意图

② 测量新转子内缸的相关尺寸，包括各段短轴的轴径、各段短轴端面至拉杆锁紧套环的距离等，并与旧尺寸做对比，如图 3-44 所示。

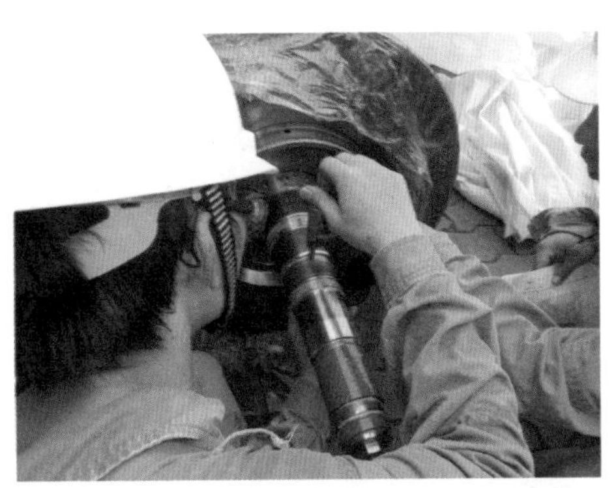

图 3-44 测量新转子内缸的相关尺寸示意图

③ 测量压缩机机壳的相关尺寸，如图 3-45 所示。

图 3-45 测量压缩机机壳的相关尺寸示意图

（10）封装旧内缸

安装转子内缸吊具 FT44018，用 10t 叉车将新转子内缸从包装箱中吊运至遮雨棚内，取下 FT44018 安装至旧转子上并将旧转子吊至包装箱中，放好后将 FT44018 取出用于压缩机回装新转子，如图 3-46 所示。

图 3-46　封装旧内缸示意图

（11）测试记录转子初始转动扭矩和确定转子转动顺畅

用扭矩扳手尝试旋转新转子内缸，测试其初始转动的扭矩（约为 39N • m），如图 3-47 所示。

图 3-47　测试记录转子初始转动扭矩示意图

（12）按照安装扭矩要求紧固新内缸上的每颗螺栓

用扭矩扳手测试新内缸静子的连接螺杆锁紧螺母的扭矩，按照索拉维保手册应该为 29ft • lb（39N • m），而实际测试时当扳手扭矩逐步加至 30N • m 时，锁紧螺母可以往锁紧方向拧动，最后将扭矩扳手调至 39N • m 上紧新内缸静子连接螺杆的锁紧螺母，如图 3-48 所示。

图 3-48　按照安装扭矩要求紧固新内缸上的每颗螺栓示意图

（13）统计核对随新内缸备件

将新转子内缸包装箱内的备件整理、统计。

（14）在压缩机外缸内涂上少量凡士林

在压缩机外缸内涂上少量凡士林，如图 3-49 所示。

图 3-49　在压缩机外缸内涂凡士林示意图

（15）安装吊装工具 FT44008，调节水平

安装新内缸吊装工具 FT44008 并调水平，如图 3-50 所示。

图 3-50　安装吊装工具 FT44008 示意图

（16）安装 O 圈

安装新内缸前端与端盖接触面 O 圈，安装前端外缸与内缸密封 O 圈，检查进出口隔离 O 圈是否完好无损和安装方向，如图 3-51 所示。

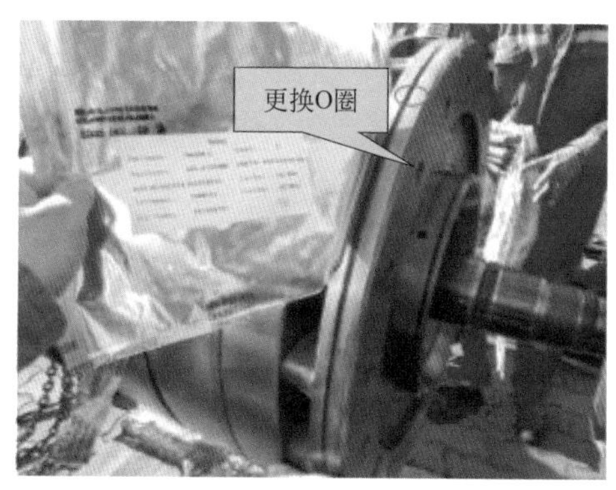

图 3-51　安装 O 圈示意图

（17）在新内缸出口端安装吊装工具 FT4018

在新内缸出口端安装吊装工具 FT4018，中间用吊带固定，调整水平。

（18）将新内缸水平放置到内缸安装 / 抽出工具 FT44008，调节内外缸同心

吊机将新内缸吊起后用手拉葫芦找平，通过吊机和手拉葫芦将新内缸缓慢移动至专用工具 FT44008 上，通过手拉葫芦保证新内缸与外缸保持同心，如图 3-52 所示。

图 3-52　将新内缸水平放置到内缸安装 / 抽出工具 FT44008 示意图

（19）利用工具 FT44008 缓慢顶入新内缸

从后端用专用液压千斤顶，在压力 200psi 左右将新内缸缓慢推至外缸里面，通过天然气进出口端观察外缸 O 圈是否完好，并且在前端安装模拟轴承保护套，如图 3-53 所示。

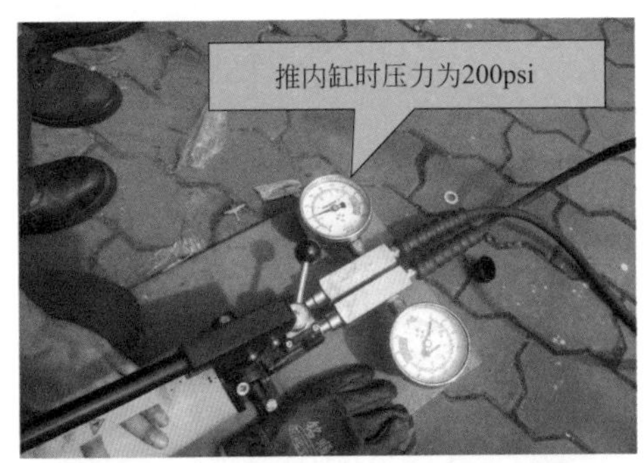

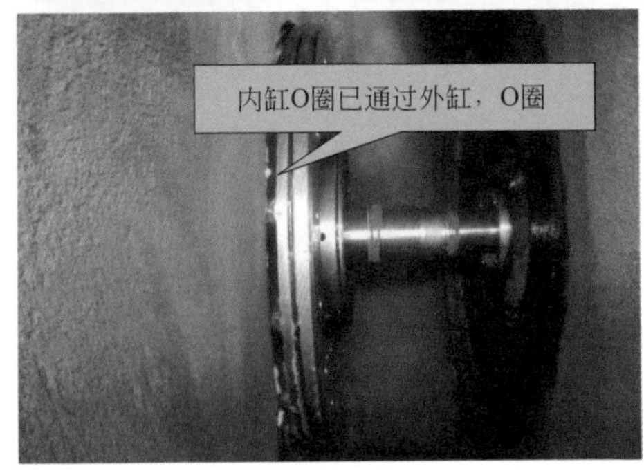

图 3-53　利用工具 FT44008 缓慢顶入新内缸示意图

（20）测量内缸轴向是否安装到位

① 用透平专用工具液压千斤顶继续缓慢将内缸推进，在压力达到 900psi 时，停止推进，测量后端内缸外立面（非垫圈面）至机壳止口尺寸，实测值 77.35mm，如图 3-54 所示。

图 3-54 测量后端内缸外立面（非垫圈面）至机壳止口尺寸示意图

② 测量前端端盖外侧内立面与迷宫密封外侧立面（与干气密封的配合面）的距离为 285.85mm（带压），维保手册要求标准距离为（285.37±0.05）mm，测量值与实测值相差 0.48mm，卸压后重新测量该尺寸为 286.47mm，如图 3-55 所示。

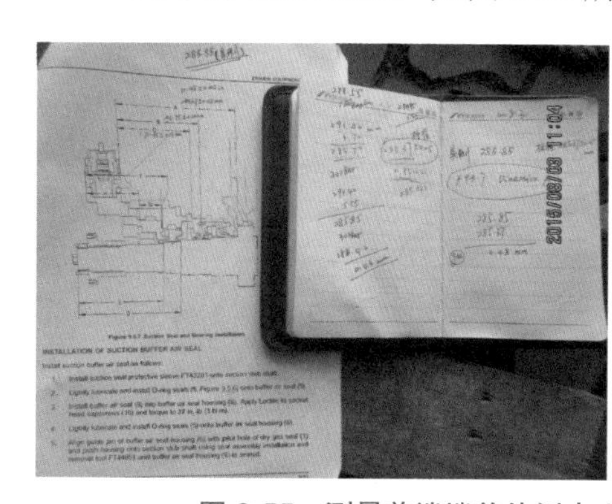
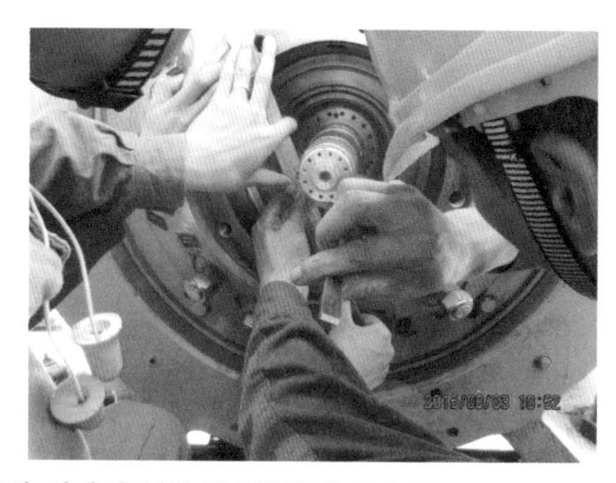

图 3-55 测量前端端盖外侧内立面与迷宫密封外侧立面距离示意图

经过计算，前端端盖至后端机壳止口面尺寸 1227.50−77.35=1150.15mm（内缸机壳尺寸），根据维保手册，内缸机壳尺寸应为 1149.40mm（标准 1148.791mm±0.609mm），按公差最大值计算；实际尺寸减去标准尺寸 1150.15−1149.40=0.75mm。由于使用钢板尺测量内缸长度，考虑到测量偏差，重新打压至 350kgf/cm^2（1kgfcm^2=98.07kPa），内缸并没有轴向移动，确认新内缸已经安装到位。

（21）拆除模拟轴承 FT44052

（22）拆除吊装工具和液压安装工具

3.2.2.5 回装后端的端盖

（1）清洁并检查后端盖

清洁并检查后端盖，如图 3-56 所示。

图 3-56 清洁并检查后端盖示意图

（2）测量轴向安装尺寸并计算内缸调整垫片厚度

安装前测量后端内缸外立面（非垫圈面）至外缸出口端盖外端止口尺寸 M，实测为 77.33mm，尺寸 N 实测为 76.03mm，根据维保手册，所需垫片厚度 $M-N=77.33-76.03=1.3$mm，加上轴向跳动 0 ～ 0.13mm，调整垫片厚度取最大值为 1.3+0.13=1.4mm，根据扭矩要求，用扭力扳手 22N·m 锁紧垫圈，如图 3-57 所示。

图 3-57 测量轴向安装尺寸并计算内缸调整垫片厚度示意图

（3）安装调整垫片并打扭矩

安装调整垫片并打扭矩，如图 3-58 所示。

图 3-58　安装调整垫片并打扭矩示意图

（4）安装端盖吊装工具

安装端盖吊装工具，如图 3-59 所示。

图 3-59　安装端盖吊装工具示意图

（5）安装后端盖 O 圈

安装后端端盖密封圈，注意密封圈方向，在端盖面涂抹凡士林（便于安装），如图 3-60 所示。

图 3-60　安装后端盖 O 圈示意图

（6）通过手拉葫芦与专用安装工具 FT44015 将后端端盖顶入

对准孔在端盖上的销孔和外缸上的销，如图 3-61 所示。

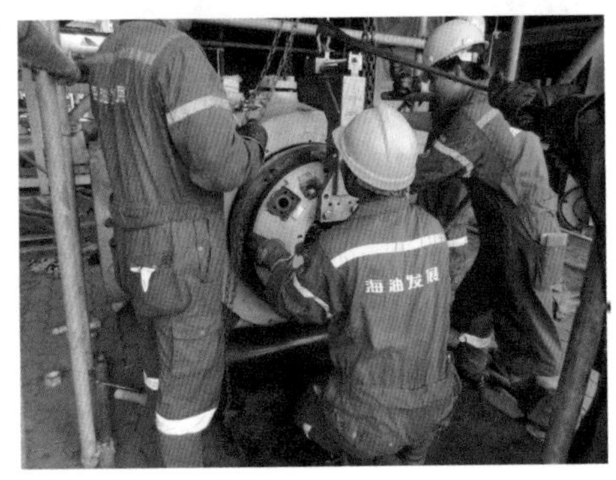

图 3-61　通过手拉葫芦与专用安装工具 FT44015 将后端端盖顶入示意图

（7）清洁并安装分段环（4 块）

（8）清洁并安装开口环（2 块）

安装后端内外卡环，将卡环螺栓涂抹耐高温丝扣油，根据维保手册要求（所需扭力为 68N·m），将卡环螺栓上紧，初次所用扭力为 40N·m，最终扭力为 68N·m，如图 3-62 所示。

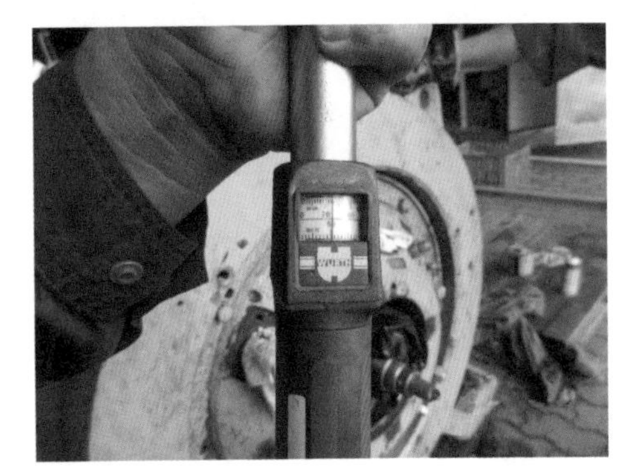

图 3-62　清洁并安装开口环示意图

3.2.2.6　测量转子轴向总窜动量

（1）测量转子轴向总窜动量

后端安装 FT43210，前端安装百分表，然后旋转 FT43210 顶丝将压缩机转子从后端往前端顶进至尽头，顶丝推不动后，将 FT43210 拆下安装到压缩机前端，将百分表拆下安装在后端，将压缩机转子从前端往后端顶至尽头，百分表所记录的数据即为压缩机转子从前端到后端的总轴向间隙 6.32mm，如图 3-63 所示。

图 3-63 测量转子轴向总窜动量示意图

（2）计算转子轴向位置并定位

测完轴间间隙后，按照上面的方法将压缩机转子从后端往前端推回4.55mm，使压缩机前端干气密封安装位的长度为285.37mm（由于前端有推力轴承，因此先保证前端的轴系部件安装位正确）；然后将FT43210安装在前端固定转子，防止回装后端轴系零件时推力产生轴向跳动。

3.2.2.7 回装后端轴系零部件

（1）安装出口端干气密封

① 验证厂家资料数据与实际数据的差异 测量压缩机后端可倾瓦轴承座止口至短轴肩的长度为171.15mm，而索拉维保手册中标准长度为（151.03±0.05）mm，两者相差20.12mm，测量前端盖止口至短轴肩长度为284.17mm，维保手册中标准长度为（285.37±0.05）mm，相差不大。

② 根据前端测量数据，判断压缩机内缸已经推入到位，通过寻找压缩机后端可倾瓦轴承座止口至短轴肩距离的差异原因，根据后端盖、开口环和分段锲块的安装位置以及安装后端盖固定螺栓所用的扭矩判断后端盖已经安装到位，如图3-64所示。

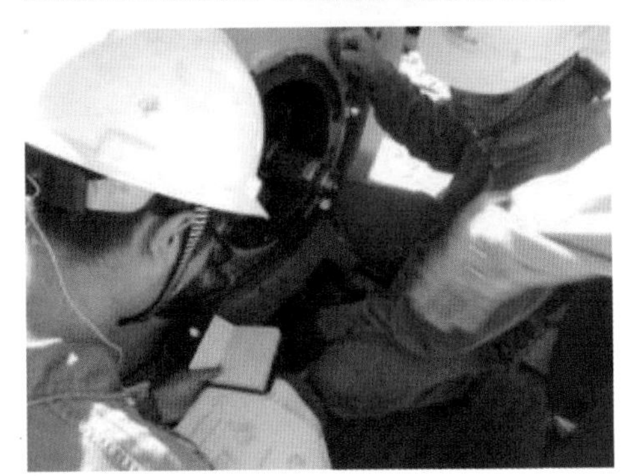

图 3-64　验证后端盖是否安装到位示意图

③ 然后分析测量数据以及测量点是否有问题，发现索拉维保手册中的数据有偏差：长度 *C*（压缩机后端可倾瓦轴承座止口至短轴肩的长度）与长度 *B* 之差为 151.03−77.22=73.81mm，该差值为整个干气密封长度，而测量干气密封的内圈轴向长度为 74.15mm，干气密封外圈轴向长度为 73.87mm，测量整个干气密封的轴向长度 90mm 以上，索拉维保手册中的数据与实测数据不相符；对比前端，长度 *A*（前端盖止口至短轴肩长度）与长度 *B* 之差为 285.37−193.57=91.80mm，与前端干气密封相吻合，而实测长度 *A* 为 284.17mm，也与索拉维保手册标准长度 285.37mm 差别不大，因此判断索拉维保手册中长度 *C* 不符合实际。测量后端干气密封轴向长度如图 3-65 所示，测量后端干气密封内圈长度如图 3-66 所示。

④ 为了验证，测量干气密封外圈安装止口与可倾瓦轴承座止口的长度为 151.00mm，干气密封外圈长度 73.87mm，算出差值为 77.13mm，然后将后端干气密封回装，测量干气密封外圈外侧端面与可倾瓦轴承座止口的长度为 75.75mm，与 77.13mm 相差 1.38mm，差距不大，可以认为是干气密封差 1.38mm 未安装到位，同时也对干气密封的内圈安装位进行测量，基本也吻合，因为认为索拉维保手册所示的长度 *C* 不符合实际，不采用其参考值（151.03±0.05）mm，以实际测量为准，如图 3-67 所示。

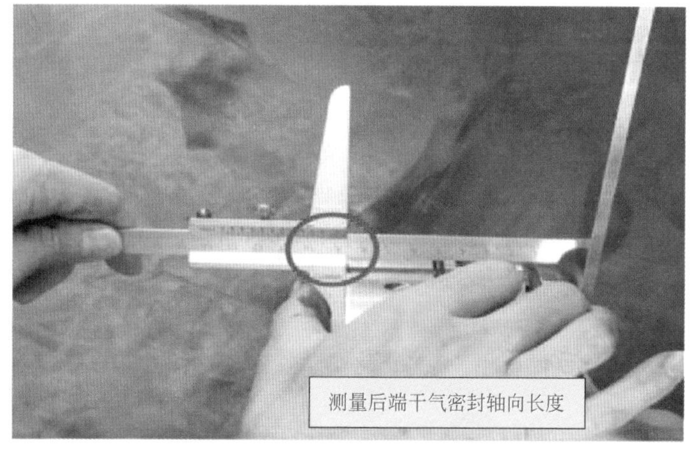

图 3-65　测量后端干气密封轴向长度示意图

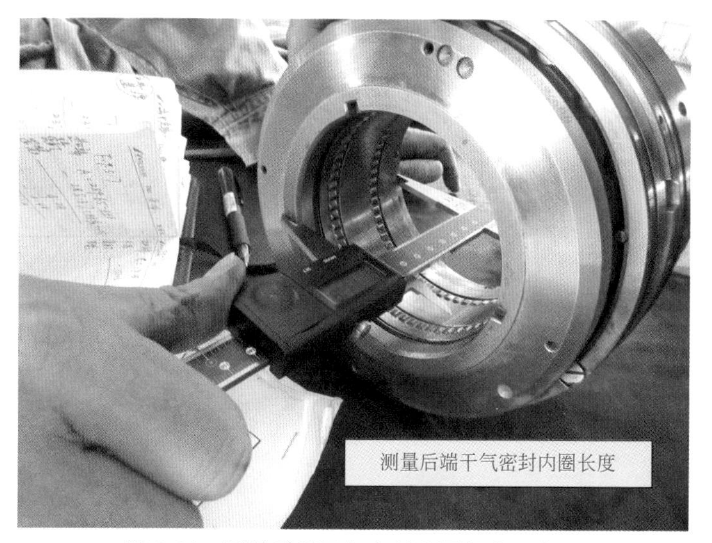

图 3-66　测量后端干气密封内圈长度示意图

图 3-67　测量干气密封内圈安装位以及回装干气密封验证示意图

⑤ 测量后端干气密封安装位置，长度 C（上：168.95mm，下：168.90mm，左：168.95mm，右：169.00mm）取平均值 168.98mm；将后端干气密封回装，测量干气密封内圈外侧至可倾瓦轴承座止口的长度为 94.95mm，而根据实测干气密封内圈长度为 74.15mm 算得干气密封内圈外侧至可倾瓦轴承座止口的长度为 168.98−74.15=94.83mm，干气密封移出 94.95−94.83=0.14mm，测量最后的安装尺寸，长度 B 为 75.54mm，干气密封内圈外端面至端盖轴承座安装面的距离为 94.65mm，其中长度 B 标准值为（77.22±0.15）mm，考虑到干气密封内外圈有弹簧，不再做调整（关键是要看干气密封部件上的 O 圈是否安装在合适的位置），如图 3-68 所示。

图 3-68　测量后端干气密封安装位置示意图

⑥ 安装后端干气密封锁紧螺母卡环（更换新的备件，PN：137703-2）以及锁紧螺母，从前端固定转子，用工具 FT44419-101 加扭矩扳手以 27N·m 上紧，将卡环掰弯锁住锁紧螺母，如图 3-69 所示。

图 3-69　安装锁紧螺母及卡环等示意图

（2）安装出口端缓冲气密封和缓冲气密封座

① 清洁并检查缓冲气密封的碳环是否有裂纹，检查缓冲气密封与其座的联接螺栓扭矩，更换缓冲气密封座的 O 圈 2 个（PN：903260C1），如图 3-70 所示。

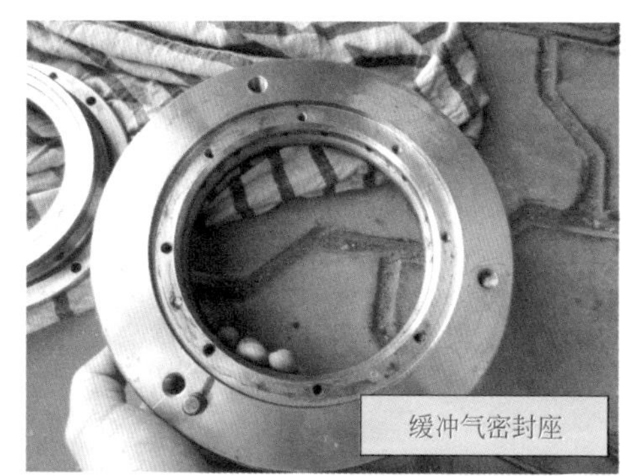

图 3-70 更换缓冲气密封座的 O 圈示意图

② 测量后端缓冲气密封座的相关尺寸后，将缓冲气密封座与新的缓冲气密封座一起用工具 FT44051 顶入后，测量安装尺寸，最终确认长度 *A* 为 54.07mm，标准值为（54.61±0.03）mm。如图 3-71 所示。

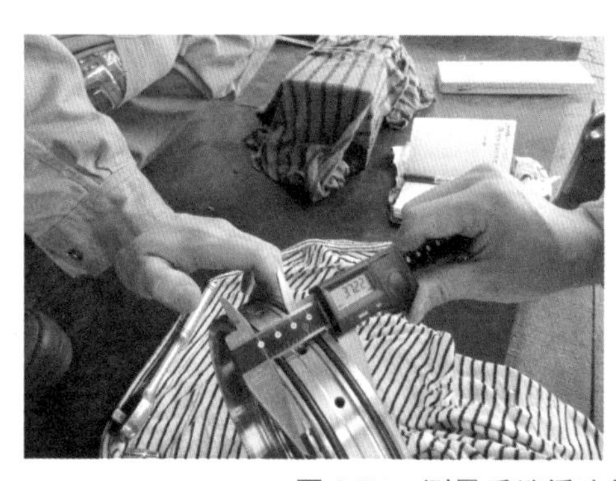

图 3-71 测量后端缓冲气密封座的相关尺寸示意图

（3）安装可倾瓦轴承和轴承座（径向轴承）

清洁压缩机后端的可倾瓦轴承、轴承座以及其安装位，更换可倾瓦轴承 O 圈（PN：903289C1）与两个轴承座 O 圈（PN：903261C1），测量相关安装尺寸后，先将轴承座安装进去，然后安装轴承座螺栓卡片和螺栓，用扭矩扳手以 133N • m 上紧后将卡片翘起以防止螺栓松动，然后借用FT44051将可倾瓦轴承顶入轴承座，以7N·m的扭矩将可倾瓦轴承锁紧螺栓上紧，测量RTD探头阻值为113.9Ω（环境温度约为33℃），测量转子拉杆锁紧螺母外端面至可倾瓦轴承外圈外侧面的距离为171.48mm，如图3-72所示。

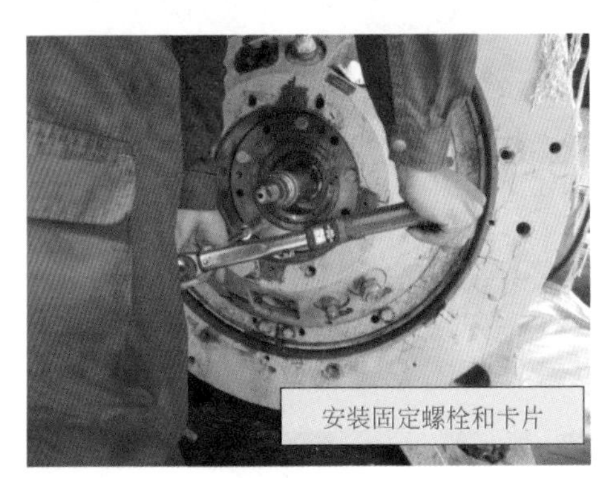

图3-72 安装可倾瓦轴承和轴承座（径向轴承）示意图

（4）安装振动探头座及振动探头、探头盖板

安装振动探头座及振动探头、探头盖板，如图3-73所示。

图3-73 安装振动探头座及振动探头、探头盖板示意图

(5)安装动平衡盘

用食用油均匀加热后端新的动平衡盘(PN：135454-10)至 79℃后，迅速将其套入后端短轴花键部位，然后安装新的锁紧螺母(PN：192259-10)与卡环(PN：192254-2)，先用 FT44418 加扭矩扳手以 149N•m 紧固，待其冷却至环境温度后再松开锁紧螺母，回装压缩机后端平衡盘锁紧螺母卡环，锁紧螺母以 149N • m 紧固，如图 3-74 所示。

图 3-74　安装动平衡盘示意图

(6)安装振动和温度探头的航空插头

安装振动和温度探头的航空插头，如图 3-75 所示。

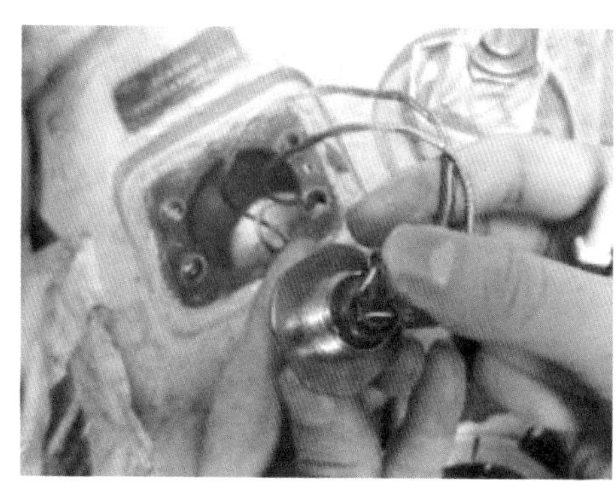

图 3-75　安装振动和温度探头的航空插头示意图

(7)后端盖的盖板安装

后端盖的盖板等所有工序完成后最后安装，如图 3-76 所示。

图 3-76　后端盖的盖板安装示意图

3.2.2.8　回装前端轴系零部件

（1）测量轴向窜动量并调节转子轴向位移

先用机械制作的 FT43210 将压缩机转子从前端往后端推一定距离，然后将 FT43210 安装在后端，将转子往前端推移至合适位置，消除轴向间隙误差，FT43210 固定不动，测量前端干气密封安装位长度 *A* 为 285.37mm［维保手册中长度 *A* 标准为（285.37±0.05）mm］，如图 3-77 所示。

图 3-77　测量轴向窜动量并调节转子轴向位移示意图

（2）安装进口端干气密封

① 测量压缩机前端干气密封的相关尺寸，清洁干气密封，在三道 O 圈上轻微涂抹凡士林，然后将前端干气密封顶入，测量干气密封安装后相关尺寸，长度 *B* 测量值为 192.42mm，标准值为（193.75±0.20）mm，考虑到干气密封内外圈有弹簧，不再做调整，测量干气密封内圈外端面至前端盖外端面距离为 211.12mm，如图 3-78 所示。

② 安装前端干气密封锁紧螺母卡环（更换新的备件，PN：137703-2）以及锁紧螺母，从后端固定转子，用工具 FT44419-101 加扭矩扳手以 27N・m 上紧，将卡环掰弯锁住锁紧螺母，如图 3-79 所示。

图 3-78 测量压缩机前端干气密封的相关尺寸示意图

图 3-79 安装前端干气密封锁紧螺母卡环以及锁紧螺母示意图

（3）安装进口端缓冲气密封和缓冲气密封座

清洁并检查前端缓冲气密封碳环磨损情况，更换缓冲气密封（PN：172465-100）上两个 O 圈（PN：969301C1），将缓冲气密封安装到缓冲气密封座上并以 3N • m 上紧固定螺栓，更换缓冲气密封座上的两个 O 圈（PN：903260C1），在缓冲气密封座上的两个 O 圈轻微涂抹凡士林后，用工具 FT44051 将缓冲气密封与缓冲气密封座一起推进，测量缓冲气密封的安装位置，*C* 测量值为 170.97mm，维保手册中的标准值为（171.35±0.15）mm，如图 3-80 所示。

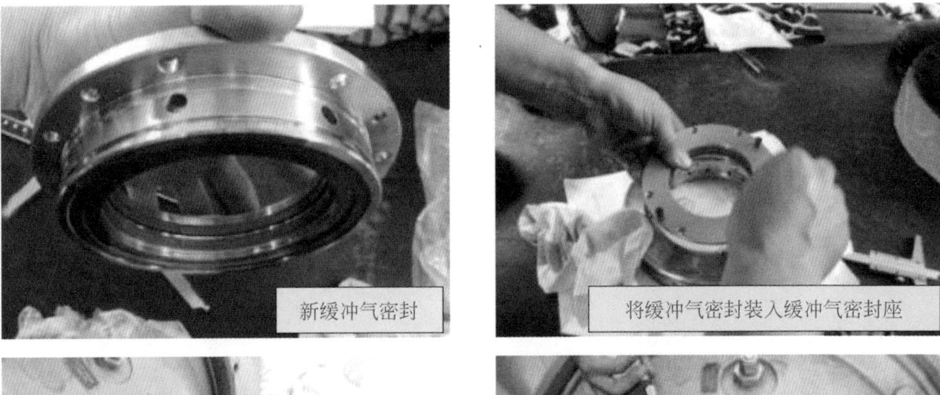

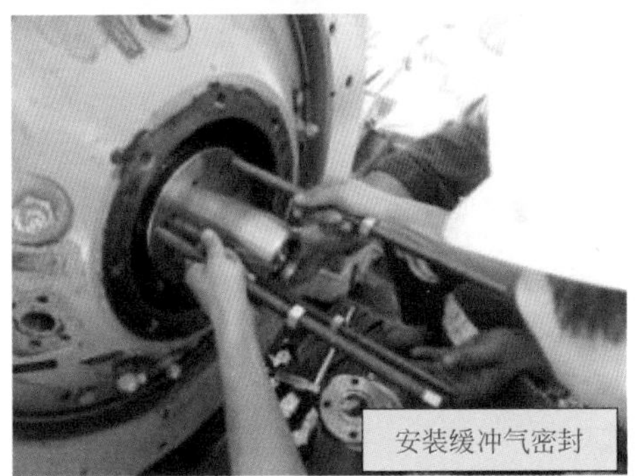

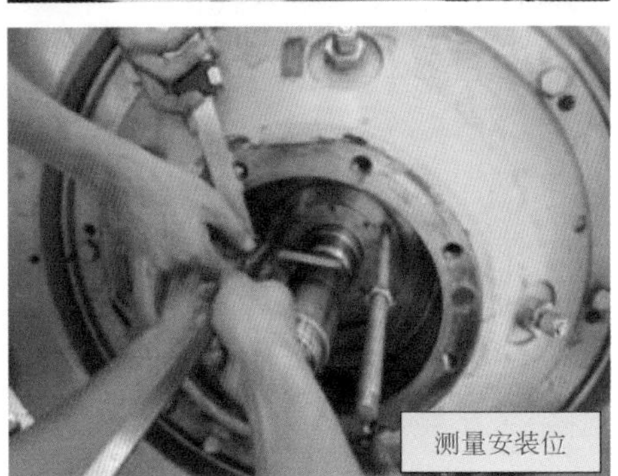

图 3-80　将缓冲气密封装入缓冲气密封座以及安装缓冲气密封示意图

（4）安装进口端内侧推力轴承（CCW）和轴承座

① 测量压缩机前端外侧推力轴承两个 RTD 探头电阻分别为 113.6Ω 和 113.7Ω，测量可倾瓦轴承轴承两个 RTD 探头电阻分别为 113.6Ω 和 113.6Ω。计算推力轴承垫片厚度为 1.835mm，如图 3-81 所示。

图 3-81　测量压缩机前端外侧推力轴承两个 RTD 探头电阻示意图

② 测量轴承座安装面至内侧的距离为171.07mm，缓冲气安装位的长度 *B* 为170.97mm，即轴承座用螺栓固定后可以将缓冲气密封压紧到位。更换压缩机前端轴承座的三个密封O圈（PN分别为908153C1、903263C1、956559C1），用人字梯作为临时支撑点将轴承座吊挂安装到压缩机前端，安装螺栓卡片以及固定螺栓，并用扭矩扳手以133N·m上紧螺栓，并将螺栓卡环掰弯防止螺栓松动，如图3-82所示。

图3-82 更换压缩机前端轴承座密封O圈示意图

（5）安装推力盘（轴肩）

① 测量压缩机前端推力轴肩的安装位置尺寸后，将轴肩油浴加热至93℃（维保手册上所规定的加热温度为93℃，且加热温度不能超过121℃），迅速用工具FT43211将轴肩推入轴上安装位，然后装上锁紧螺母并用扭矩扳手以163N·m预紧，分别测量轴肩外圈和内圈至前端短轴末端面（非六角螺杆面）的距离，发现未安装到位，用FT43205重新取出轴肩，如图3-83所示。

图3-83 测量轴肩外圈和内圈至前端短轴末端面（非六角螺杆面）的距离示意图

② 分析原因，重新测量轴肩的相关尺寸，和旧的轴肩对比是一致的，可能原因是在加热至93℃后从油锅中取出然后再安装至回装工具FT43211，

中间温度降使得其膨胀量不足，于是重新将轴肩放入油锅中油浴加热至100℃，然后尽量将油锅靠近压缩机前端，将轴肩取出后迅速装入FT43211后，将其推入，迅速安装锁紧螺母并打扭矩，测量安装尺寸，依旧未安装到位；重新拉出轴肩，为减少温度降，将轴肩先装到工具FT43211后一起加热至110℃后，更换安装人员，迅速将其推入，测量数据仍然不到位，如图3-84所示。

图3-84　FT43211与轴肩加热示意图

③ 确定压缩机前端推力轴肩外径对安装是否到位没有影响之后，将推力轴肩取下，重新测量内圈的过盈配合的两段孔径，内侧孔径为79.32mm，外侧孔径为77.66mm；将压缩机前端轴承座拆下后，测量与推力轴肩孔径过盈配合的轴径，内侧为79.38mm，外侧为77.72mm，算出过盈量分别为内侧0.06mm、外侧0.06mm，如图3-85所示。

图3-81　测量内圈的过盈配合的两段孔径示意图

④ 将推力轴肩放入油锅中加热至123℃左右（油温约为130℃），迅速取出测量加热后的推力轴肩两段孔径，内侧孔径约为79.38mm、外侧

孔径约为77.73mm（温度下降较快，测量存在误差），内侧孔径恰好与轴径相等，外侧孔径比轴径稍大0.01mm，如图3-86所示。

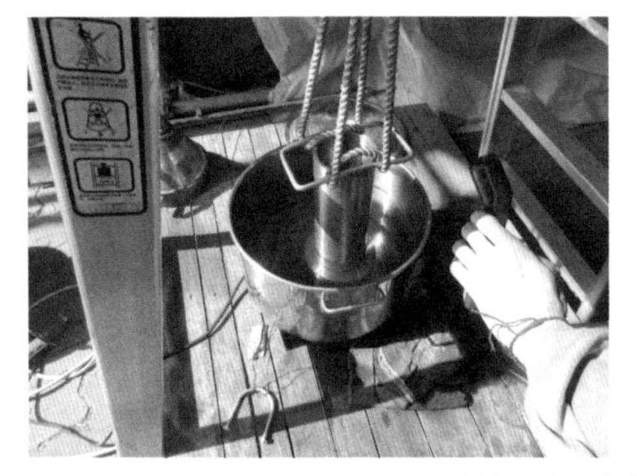
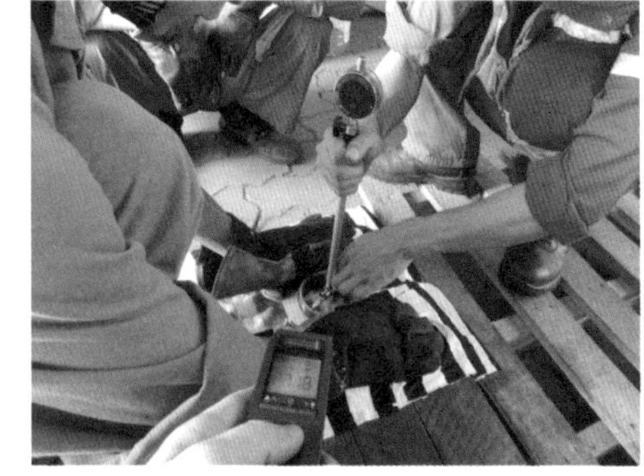

图3-86　测量加热后的推力轴肩两段孔径示意图

⑤ 继续提高温度加热推力轴肩，同时为了防止推力轴肩推入轴后高温对已安装的内侧推力轴承轴瓦造成损害，在轴肩安装前喷射适量的冷冻液将轴与轴瓦降温，在轴肩推入后迅速从滑油流入口吹入清洁氮气以加速降温。重新安装轴承座与内侧推力轴承并按133N•m扭矩上紧固定螺栓，调整好定位销位置，将推力轴肩与FT44432一起加热至150℃左右（电磁炉最高功率，油温165℃左右），同时在轴承喷射适量的冷冻液，然后10s内快速将推力轴肩套入轴上（刚刚接触到轴时轴肩表面温度约为140℃，很快温度就下降至90℃以下），将安装工具取下后迅速安装锁紧螺母并按照163N•m的扭矩要求上紧锁紧螺母，测量轴承内圈外侧面至短轴端面（非六角螺母面）的距离为208.40mm，维保手册上为（208.43±0.05）mm，符合要求。于是从滑油流入口吹入清洁氮气以加速降温冷却，待其完全冷却后，取下锁紧螺母装上卡环后，在以163N•m再次上紧锁紧螺母，掰弯卡环，如图3-87所示。

图3-87　提高温度加热推力轴肩示意图

（6）安装进口端外侧推力轴承（CW）和径向轴承

① 将总厚度为 1.83mm 的调整垫片放入轴承座内对应位置，稍微将轴往上抬起，用工具 FT44419 将轴承顶入轴上对应的位置，确认安装到位后，测量推力轴承轴向间隙（将压缩机转子从前端往后端顶到尽头，此时内侧推力轴承轴瓦与推力轴肩贴合，然后将压缩机转子从后端往前端顶到尽头的距离，此时外侧推力轴承轴瓦与推力轴肩贴合），经计算还需添加 0.12mm 厚度垫片，于是将推力轴承和可倾瓦轴承拆下，调整垫片厚度为 1.98mm，重新安装垫片和轴承，测量外侧推力轴承端面至轴承座第一个止口的距离，计算垫片的厚度为垫片安装止口至轴承座第一个止口的距离为 98.20mm，测量轴肩间隙为 0.22mm，维保手册中标准值为 0.20 ～ 0.30mm，符合要求，如图 3-88 所示。

图 3-88　测量外侧推力轴承端面至轴承座第一个止口的距离示意图

② 更换压缩机前端可倾瓦轴承（径向轴承）一个 O 圈（PN：903289C1）以及外侧推力轴承的两个 O 圈（PN：953166C1），并将可倾瓦轴承安装在外侧推力轴承座上，如图 3-89 所示。

图 3-89　将可倾瓦轴承安装在外侧推力轴承座上示意图

（7）安装振动探头座及振动探头、振动探头盖板

安装振动探头座及振动探头、振动探头盖板，如图 3-90 所示。

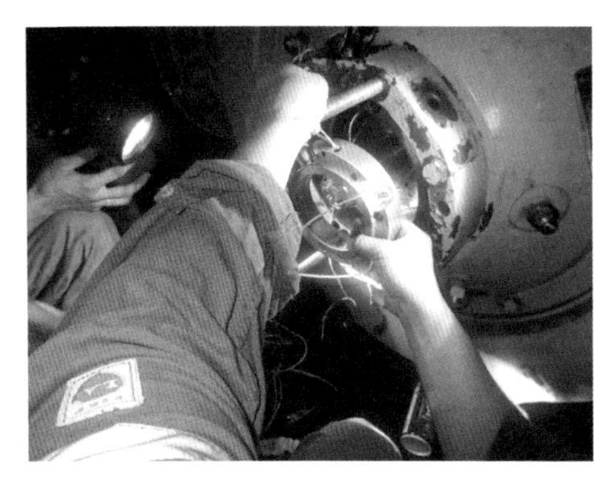

图 3-90　安装振动探头座及振动探头、振动探头盖板示意图

调节压缩机前端轴向振动和电压以及轴向间隙，根据规范要求（调整前间隙电压为 23.8V，轴向振动为 −1.758mm），从后端往前端用 40ft・lb（54N・m）的力推间隙电压为 9.8 ～ 10.2V，实际推到位后间隙电压为 −9.1V，轴向振动为 −0.121mm，轴向窜动为 0.22mm，于是从后面往前端推轴 0.11mm（1 号轴向位移探头）；从前端往后端用 60ft・lb（81N・m）的力推间隙电压为 6.75 ～ 10.25V，实际推到位后间隙电压为 −5.4V，轴向振动为 −0.588mm，轴向窜动为 41.5mm（1 号轴向位移探头）；松开探头固定螺栓用专用工具 FT43213 调整间隙电压，调整后间隙电压为 −10.3V，轴向振动为 −0.051mm（2 号轴向位移探头）；将后端往前端推轴到轴向窜动不再变化时，轴向窜动为 0.22mm，于是从前端往后端推轴 0.11mm，保证轴在中间，距离前后端各 0.11mm；调整结束后间隙电压为 −10.5V，轴向振动为 −0.017mm（轴向振动的报警值为 ±0.305mm，关停值为 ±0.432mm），如图 3-91 所示。

图 3-91

图 3-91　测量轴向窜动示意图

（8）安装振动和温度探头的接线航空插头

将压缩机后端 RTD 接线与航空插头连接，其中与航空插头 C 端子连接的插针脱落，更换新的插针，然后将其回装到固定座上，同时将振动接线回装到固定软塞，如图 3-92 所示。

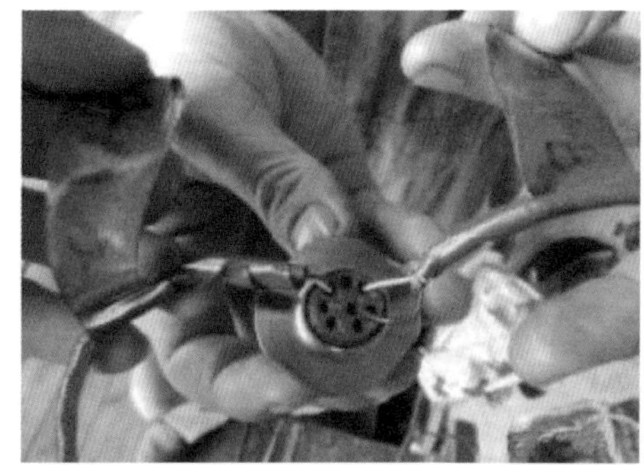

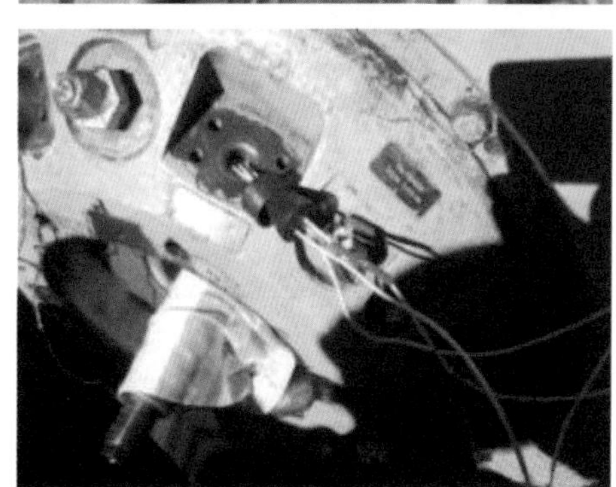

图 3-92　安装振动和温度探头的接线航空插头示意图

（9）安装联轴节靠背轮

将压缩机前端靠背轮油浴加热至 130℃（维保手册中参考温度为 93℃，考虑到从油锅中取出靠背轮到对准安装位置之间的温度降以及在终端安装压缩机前端推力轴肩的经验，决定加热至130℃左右），迅速将其推入安装位置，测量安装到位后，用FT44418以149N·m力矩将靠背轮锁紧螺母预紧，待其冷却至环境温度后，取下锁紧螺母，装上锁紧螺母卡环后，重新用FT44418以149N·m力矩将锁紧螺母再次上紧，然后用一字螺丝刀将卡环突片掰弯卡住锁紧螺母防松动，如图3-93所示。

图3-93　安装联轴节靠背轮示意图

（10）组装完成后盘车测试

组装完成盘车测试，记录最初转动扭矩150N·m，充分润滑，以300r的转速运转10s，检查没任何问题，继续以300r的转速运转5min，记录最终转动扭矩125N·m，如果最终转动扭矩不超过最初转动扭矩，则继续安装工作，否则重新解体安装。

3.2.2.9　测量转子轴向总窜动量

（1）吊装压缩机至基座

① 准备卸扣、吊带、导链等吊装工具，检查其规格与检验日期等，将导链挂到压缩机甲板上方的吊点，清理压缩机底座，如图3-94所示。

图 3-94　清理压缩机底座示意图

② 拆除压缩机出口管线螺栓并且清理压缩机底部安装面，如图 3-95 所示。

图 3-95　拆除出口管线螺栓等示意图

③ 将压缩机用合适的卸扣和吊带绑好，并进行吊装前的试吊，如图 3-96 所示。

④ 拆除压缩机联轴器上方盖板，便于后面进行调试和安装，如图 3-97 所示。

图 3-96　吊装前试吊示意图

图 3-97　拆除压缩机联轴器上方盖板示意图

⑤ 将压缩机用吊机吊至倒链 1 附近，然后挂上吊钩，缓慢拉起倒链 1，缓慢放下吊机，使压缩机缓慢移动至倒链 1 处；然后挂上倒链 2，缓慢拉起倒链 2，缓慢放下倒链 1 使压缩机缓慢移动至倒链 2；用此方法依次将压缩机移动至倒链 6 下方（压缩机正上方吊点），用压缩机定位销，将压缩机固定在基座上，如图 3-98 所示。

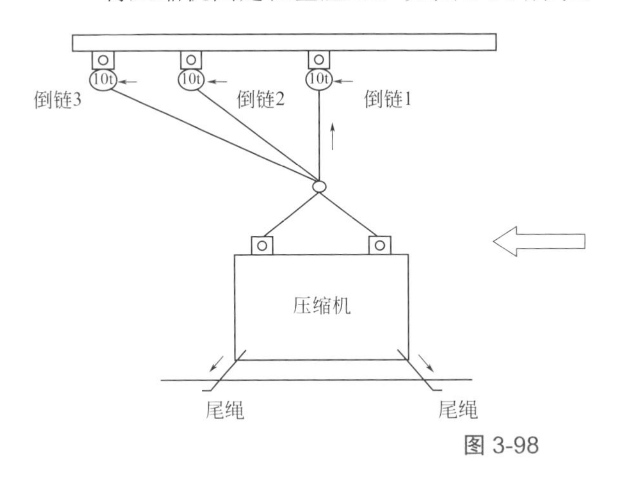

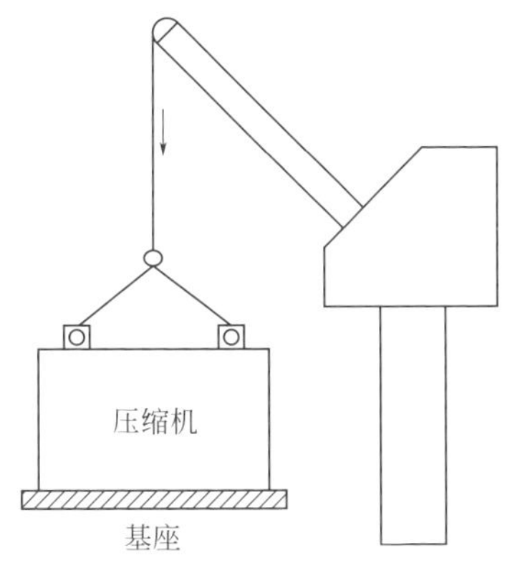

图 3-98

吊机吊起后挂倒链1

将压缩机吊至倒链1附近

吊装过程

吊装到压缩机基座上

吊装过程中的6个吊点

图 3-98　压缩机吊装示意图

（2）安装地脚螺栓并打扭矩

① 按照压缩机 MID 文件要求，地脚螺栓上涂抹丝扣油，逐步上紧地脚螺栓。

② 先把 4 个地脚螺栓各组件按顺序穿过压缩机地脚孔，通过调整下边大六角螺母和上边 6 个螺栓（7/16 in 顶起螺栓），使图中的 TENSIONER 和 WASHER 之间有一个 1/16 in（1.59mm）到 1/8 in（3.18mm）间隙，如图 3-99 所示。

图 3-99　4 个地脚螺栓各组件按顺序穿过压缩机地脚孔等

③ 用该地脚螺栓钢印打出要求扭矩（114 lb • ft）的 50%（57 lb • ft），按 12 点、6 点、9 点、3 点顺序，上紧所有螺栓，如图 3-100 所示。

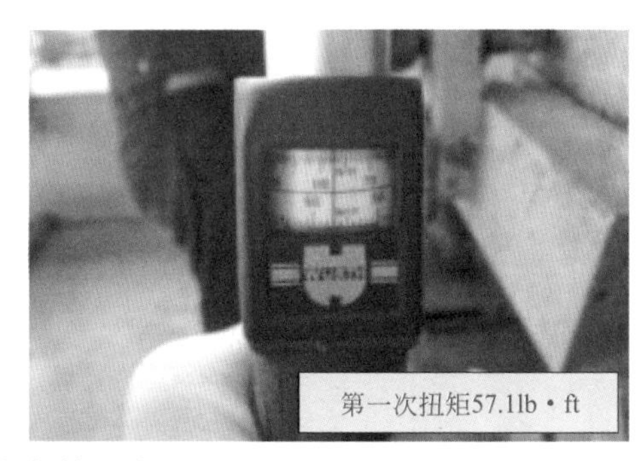

图 3-100　上紧螺栓示意图

④ 用该地脚螺栓钢印打出要求扭矩（114 lb • ft）的 100%（114 lb • ft），按 12 点、6 点、9 点、3 点顺序，上紧所有螺栓。

（3）回接相关管线和信号线

① 回装压缩机前、后端滑油、密封气、缓冲气等管线，将压缩机底部排液口的盲板拆下，更换上 OD 管线，用于压缩机水洗排液，如图 3-101 所示。

② 回装压缩机进出口天然气管线，压缩机进口与管线连接法兰安装法兰垫片后，用螺栓稍作固定不紧固，对中结束后再紧固，回装压缩机入口管线上的两个压力表，如图 3-102 所示。

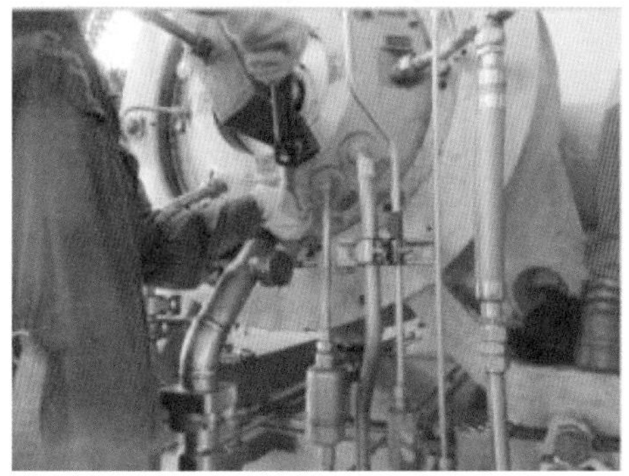

图 3-101　回装压缩机滑油、密封气等管线示意图

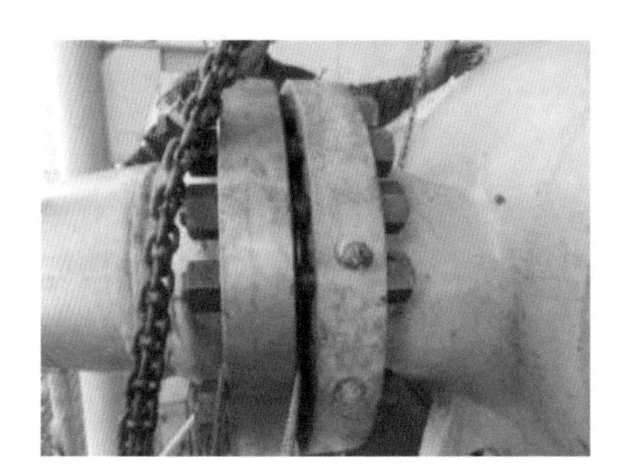
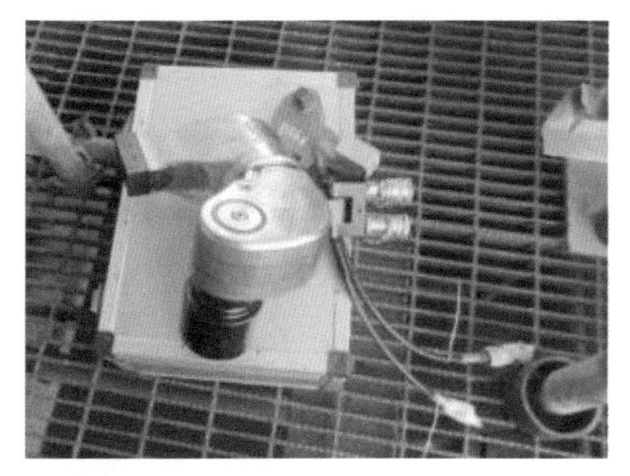

图 3-102　回装压缩机进出口天然气管线示意图

3.2.2.10 机组对中

（1）测量 2 个靠背轮之间距离和测量联轴节长度

测量压缩机前端靠背轮与透平后端靠背轮的距离为 629.435mm、联轴节长度为 625.1065mm，如图 3-103 所示。

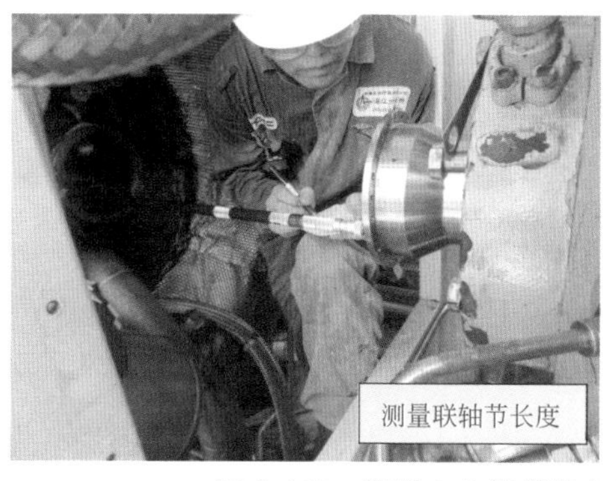

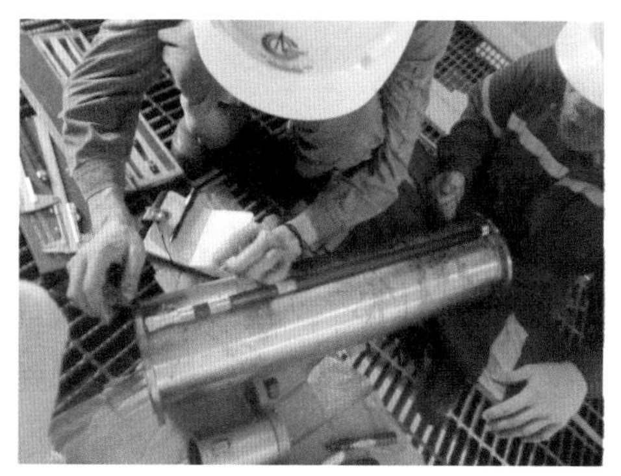

图 3-103 测量 2 个靠背轮之间距离和测量联轴节长度示意图

（2）计算联轴节调整垫厚度

靠背轮之间的距离 629.435mm，联轴节长度 625.1065mm，垫片厚度等于 629.435−625.1065−2.03=2.2985mm（2.03 是固定值，根据维保手册查得），由于最薄调整垫片厚度是 0.51mm，所以 PT 端垫片 =0.51+0.51+0.25=1.27mm，压缩机端垫片 =0.51+0.51=1.02mm，总垫片厚度 =1.27+1.02=2.29mm。

（3）安装联轴节到压缩机端，安装对中表架和对中百分表

安装联轴节到压缩机端，安装对中表架和对中百分表，如图 3-104 所示。

图 3-104 安装联轴节到压缩机端示意图

（4）测量对中数据

测量 PT 端轴承座缘（Bearing Housing）BT（12 点）、BR（3 点）、BB（6 点）、BL（9 点）四个方向的内径偏差（Bore Offset）分别为 0、−64、−134、−69，实际数值 = 打表所得数 ×0.001in。

测量PT端轴承座端面偏差（Face Offset）FT（12点）、FR（3点）、FB（6点）、FL（9点）分别为0、7、6、0，实际数值=打表所得数×0.001in。测量对照数据如表3-3所示。

表3-3　测量对照数据

测量点	实测值	标准值	公差带
BT	0.000	0	
BL	−0.069	−0.074	±0.002
BR	−0.064	−0.074	±0.002
BB	−0.134	−0.147	±0.005
FT	0.000	0	
FL	0.000	0.003	±0.001
FR	0.007	0.003	±0.001
FB	0.006	0.005	±0.002

（5）计算对中调整量并调节

计算对中调整数据如表3-4所示。

表3-4　对中调整数据

计算结果	in	左右调节	mm
计算透平前脚垂直调整量 v_1	−0.004	上正下负	−0.103
计算透平后脚垂直调整量 v_2	0.004	上正下负	0.094
计算透平前脚水平调整量 h_1	0.015	左正右负	0.373
计算透平后脚水平调整量 h_2	0.069	左正右负	1.748

根据计算结果增减垫片和左右调节，如图3-105所示。

图3-105　增减垫片和左右调节示意图

（6）检查对中结果

检查对中结果，如表 3-5 所示，符合厂家要求。

表 3-5 对中结果

测量点	实测值	标准值	公差带	偏差
BT	0.0000	0	0	0.0000
BL	−0.0750	−0.074	±0.002	−0.0010
BR	−0.0765	−0.074	±0.002	−0.0025
BB	−0.1480	−0.147	±0.005	−0.0010
FT	0.0000	0	0	0.0000
FL	0.0020	0.003	±0.001	−0.0010
FR	0.0022	0.003	±0.001	−0.0008
FB	0.0045	0.005	±0.002	−0.0005

（7）上紧联轴节连接螺栓

上紧联轴节连接螺栓，扭矩是 18ft・lb。这些连接螺栓是做过动平衡的，如需更换需要全部更换，而且这些螺栓只能拆装 10 次。

3.3 启机测试

3.3.1 启机测试注意事项

（1）启机之前

① 需要手动盘车检查转动是否顺畅；

② 充分润滑；

③ 回装好所有管线以后，导通缓冲气和密封气、惰化、充压查漏；

④ 检查所有参数正常。

（2）启机过程

① 从 NPT 大于 0% 开始，密切关注压缩机的所有轴承温度、振动值、密封气排放量等，一旦出现异常，应立即按下急停按钮关停机组，避免压缩机损坏。

② 按照索拉要求，初次启动是逐步提高转速（NPT）的一系列启停，不能使压缩机的转速维持在固定的转速超过几秒钟，一旦达到期待的转速，必须马上快速停机（这样的好处是巴氏合金密封能快速冷却，避免

巴氏合金级间密封由于叶片或轴的摩擦导致过热）：

第一次启动：10%NPT 或以下；

第二次启动：15%NPT；

第三次启动：25%NPT；

第四次启动：40%NPT；

第五次启动：70%NPT；

第六次启动就可以带载运行。

3.3.2 测试数据记录及分析

启机运行 2 个月后，机组参数正常，如图 3-106 所示。

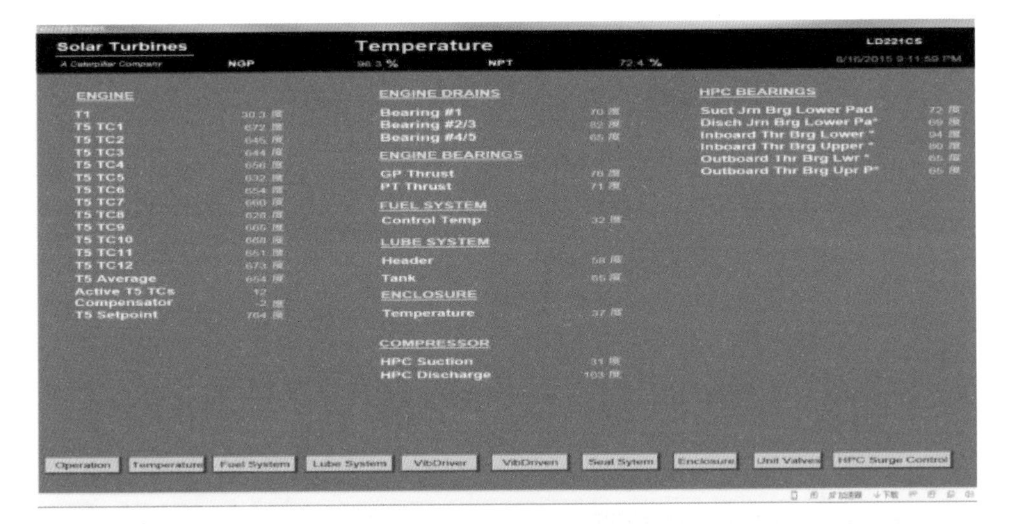

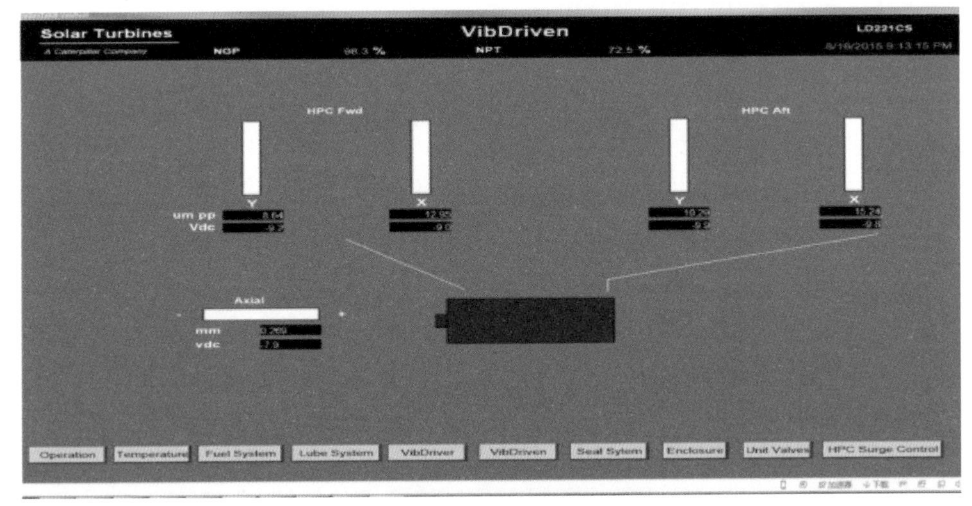

图 3-106　启机后运行参数

3.4

项目关键点控制及维修经验

3.4.1 项目关键点控制

（1）拆装过程一定要记录相关数据并核对厂家原始数据，但是厂家的原始数据也不一定全部正确，需要从各个方面去验证。

（2）内缸大的密封圈是带弹簧自紧密封圈，是有安装方向的，一定注意安装方向，不可反向安装。

（3）干气密封部件安装前需要松开对应的螺栓（干气密封与拆装保护板的联接螺栓），干气密封外圈一般按压弹起重复5～6次，内圈也一样。

（4）在安装推力盘时按照索拉要求屡次安装不到位，提高油浴加热温度后，需考虑对其他部件影响，吹氮气冷却保护瓦片上的巴氏合金。

（5）由于不是在标准厂房拆装，无论吊装还是施工环境，都需全面考虑，包括天气、光线等。

（6）对中高度调整时，尽量在增减垫片后，再调节左右，这样不容易导致顶丝变形。

（7）启机测试过程要密切关注压缩机所有轴承的温度和振动情况，如有异常，立即关停机组。

（8）第一次启机带载要缓慢地加载，逐步关ASV。

3.4.2 项目维修经验

3.4.2.1 转子组装方法：热装VS液压组装

由于筒型离心压缩机与水平剖分型离心压缩机的结构不一样，内缸的组装方法也不一样。

水平剖分型离心压缩机有一水平中分面将汽缸分为上下两半，在中分面处用螺栓连接。此种结构拆装方便，先用轴将各级叶轮串联起来组成转子，然后再将转子总成安装到组装好的定子下半部，调整好轴向间隙和径向间隙，调整和测量过程都是可以看得到的，最后安装定子上半部即可。

筒型压缩机有内、外两层汽缸，外汽缸为一筒形，两端有端盖，内汽缸垂直剖分，其组装好后再推入外汽缸中。此结构缸体强度高、密封性好、刚性好，但安装困难、检修不便。转子组装时必须叶轮和定子一起装，一级定子（或称为隔板）接一级叶轮，如此循环直至装完所有隔板和叶轮，形成内缸。索拉压缩机属于筒型离心压缩机，而且是隐形主轴设计，没有传统意义上的主轴，主轴是分段的，叶轮跟与其配合的那段主轴是合为一个整体的，叶轮与叶轮之间靠 3 根销轴传递扭矩，最后采用拉杆将所有叶轮拉紧。

由于前一级叶轮与后一级叶轮都是过盈配合，前一级隔板和后一级隔板也都是过盈配合，所以内缸的组装可以采用热装，也可以采用液压安装。采用热装的好处为不需要专用工具就可以完成组装，但调整叶轮轴向安装尺寸难度比较大，很难确定安装到位，需要严格控制加热温度和安装速度。由于筒型离心压缩机叶轮轴向安装尺寸不能够直接测量，也不可以直接看到，只能间接测量。热装很难保证压缩机转子轴向尺寸偏差符合装配尺寸公差带要求。一旦有一个尺寸超差，就可能导致后面安装的都超差，叶轮与定子互相摩擦，无法运转。同时热装效率不高，需要等待冷却到室温才可以继续安装下个叶轮。

由于过盈量不大，可以采用液压工具组装。但是如果采用液压方法组装，就必须有专用的液压安装工具。厂家说明书没有涉及内缸组装过程，所以也没有相应的组装工具，需要自制安装工具。液压组装方法的优点是可以一边安装一边调整轴向间隙，确保安装到位，不需要冷却，组装速度较快。

项目转子组装示意图如图 3-107 所示。

3.4.2.2 采用先安装拉杆，后组装隔板和叶轮的组装工序

如果先组装隔板和叶轮，后安装隔板，将无法保证每一个叶轮与隔板的轴向定位，转子总轴向窜动量也无法控制，很容易导致级间密封和口环密封损坏。正确安装工序为先安装转子拉杆，再安装隔板和叶轮。

3.4.2.3 转子组装时动平衡盘的径向定位不能以拉杆的标识作为参照物

如果转子组装时动平衡盘的径向定位以拉杆的标识为参照物，拉杆是靠螺栓旋进短轴的，安装时可能存在径向定位改变的可能，从而影响整个转子动平衡。正确方法为转子组装时动平衡盘的径向定位以叶轮的标识作为参照物。

3.4.2.4 内缸组装采用的工装缺陷改造

装配时，在调整第一级叶轮轴向窜动时，不能确定第一级隔板的基准尺寸是否发生改变。此项目在工装上第一级隔板的基准尺寸的凸台上开 3 个槽，以便观察第一级隔板的基准尺寸。

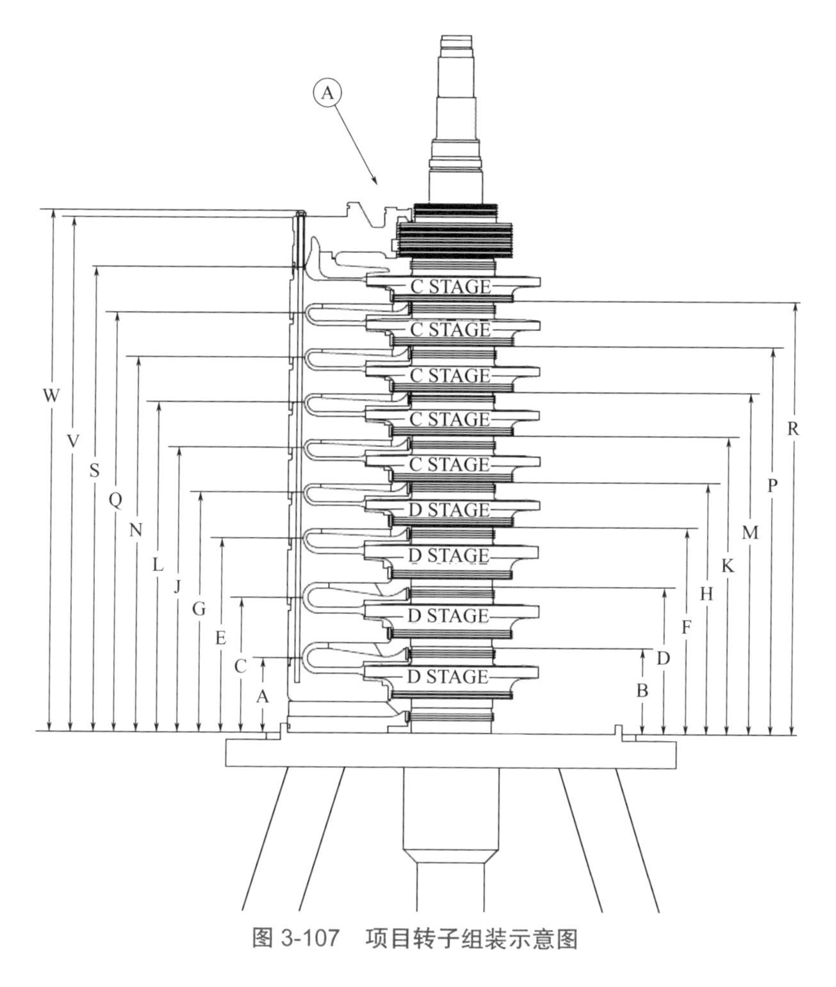

图 3-107 项目转子组装示意图

3.4.2.5 内缸抽出受阻时，可考虑改变液压拉出工具的方向并由拉改为推

在内缸拉出时，由于锈蚀等原因，经常拉不出来。曾发生用几天时间都没法拉出内缸的情况，采用除锈清洗、加热等都无法拉出内缸。后来，调整内缸拉出工具的安装方向，由安装在前端改到安装在后端，内缸由拉出改为推出。这与拉出工具的液压缸特性有关，该液压工具是一个常用的双作用单活塞杆液压缸。打压时，虽然压力表指示压强相同，但由于活塞杆占用了一部分面积，所以拉力比推力小。

3.4.2.6 第一次试车开始升速不宜太快，否则可能导致级间和口环密封都损坏

在新级间密封和新口环密封情况下试车升速过快，级间密封和口环密封的槽还没形成，很容易导致级间密封和口环密封损坏，形成铁屑，导致振动迅速。此项目在使用新级间密封和新口环密封情况下试车，需要以 150r/min 的慢速磨出密封和口环的槽，然后慢慢升速。

3.5 项目创新技术

3.5.1 打破国外技术保护壁垒，成功实现进口关键设备的自主维修

索拉压缩机属于筒型压缩机，有内、外两层气缸，外气缸为一筒形，两端有端盖。内气缸垂直剖分，组装好后再推入外气缸中。此结构缸体强度高、密封性好、刚性好，适用于高压力或密封性要求高的场合，但相对水平剖分型离心式压缩机来说安装困难、检修不便。全世界在役的离心压缩机绝大多数是水平剖分型，国内生产的离心压缩机也都是水平剖分型。水平剖分型压缩机有一水平中分面将气缸分为上下两半，在中分面处用螺栓连接，拆装方便。所以，筒型离心压缩机维修对本气田和国内压缩机厂家来说都是第一次。

筒型离心压缩机内缸更换几乎涉及整个压缩机的解体，除了内气缸没有解体，其他零部件全部都要拆装。由于该压缩机最大转速是12000r/min，一般功率要求5696kW，属于大型高速旋转设备。装配精度要求高，施工难度大，仅专用工具就有30多项。主要的难题是厂家维保手册并没有详细的拆装方法，安装尺寸和装配公差要求也不齐全等。轴系零部件拆出前要精准测量记录相关数据，同时由于压缩机解体专用工具比较昂贵，只采购了一部分，有些专用工具需要现场测量自行制作。自制专用工具一般比较简陋，难以保证装配精度，往往需要反复调整。

此项目打破了国外技术保护壁垒，按照“引进、消化、吸收、再创新”的方法，攻克了天然气离心压缩机解体、组装和内缸更换维修技术，并加以改进。历时20多天，克服没有专业维修车间和没有专用工具等重重困难，自主完成了离心压缩机解体、内缸更换、组装和安装调试。经过启动、空载、带载和停车测试，振动值都正常，解决了压缩机振动高不能启动的问题。该机组检修后运转正常，成功实现进口关键设备的自主维修，如图3-108所示。

3.5.2 该项目校正了维保手册的部分参数

安装后端干气密封时，发现维保手册的部分数据与实际不符。实际测量的压缩机后端可倾瓦轴承座止口至短轴肩的长度（尺寸*C*）为

图 3-108　项目施工示意图

171.15mm，而维保手册中标准长度为（151.03±0.05）mm，两者相差20.12mm。长度 C 与长度 B 之差为 151.03−77.22=73.81mm，该差值应该大于或等于整个干气密封轴向长度，而实际测量干气密封的内圈轴向长度为 74.15mm，干气密封外圈轴向长度为 73.87mm，实测整个干气密封的轴向长度在 90mm 以上，如果按照维保手册中的数据，那干气密封根本安装不进去。前端干气密封的安装长度为 285.37−193.57=91.80mm，与前端干气密封实测轴向长度相吻合。因此判断维保手册压缩机后端可倾瓦轴承座止口至短轴肩的长度 C 与实际不符。

3.5.3　该项目改进了推力盘安装方法

按照维保手册的安装方法，将轴肩油浴加热至 93℃（加热温度不能超过 121℃，保护轴瓦上的巴氏合金），迅速推到轴上安装位，然后锁紧螺母以 163N • m 预紧，结果发现推力盘没有安装到位。

测试了推力盘不同温度下的热膨胀量，并请教相关机械专家，继续提高加热温度，同时为了防止高温对轴瓦造成损害，在推力盘安装前喷射适量的冷冻液将轴与轴瓦降温，推入后迅速从滑油流入口吹入清洁氮气以加速降温。将推力盘与 FT44432 一起加热至 150℃左右，同时在轴承喷射适量的冷冻液，然后 10s 内快速将推力盘套入轴上（刚刚接触到轴时推力盘表面温度约为 140℃，很快温度就下降至 90℃以下），将安装工具取下后迅速安装锁紧螺母并按照 163N•m 的扭矩要求上紧锁紧螺母，推力盘安装到位。

3.5.4　该项目设计了压缩机对中计算表格

离心压缩机的安装需要复杂的吊装和对中，由于大型设备的对中往往需要反复调整测试，这样就需要大量的数据计算。为了节省计算时间，提高对中计算效率，该项目设计可压缩机对中计算的电子表格，只要在绿色单元格输入打表数据，红色单元格就立刻输出计算结果，根据计算结果调整对中即可。通过复制表格，记录每次调整结果并做对比，能快速高效完成对中工作。压缩机对中计算电子表格如图 3-109 所示。

1、计算联轴器垫片厚度		标准值	公差带		12.000	3	6	9	avg
CALCULATED FLANGE TO FLANGE	629.378	628.57	正负0.25		629.050	629.200	629.600	629.490	629.335
SPACER LENGTH	625.107	625.02	正负0.20		629.310	629.550	629.570	629.250	629.42
GAP PRE-STRETCH	2.030	2.03			625.105	625.105	625.105	625.111	625.1066
SHIM AS REQUTRED	2.241								
	2.565								
	-0.324								
2、测量对中偏移量，调整垂直位移									
定义：上正下负、左正右负，靠近为前，远离为后 千分表的读数：压进去为正，伸出来为负									
	实测值	标准值	公差带	偏差					
BT	0.0000	0		0.0000					
BL	-0.0750	-0.074	正负0.002	-0.0010					
BR	-0.0765	-0.074	正负0.002	-0.0025					
BB	-0.1480	-0.147	正负0.005	-0.0010					
FT	0.0000	0		0.0000					
FL	0.0020	0.003	正负0.001	-0.0010					
FR	0.0022	0.003	正负0.001	-0.0008					
FB	0.0045	0.005	正负0.002	-0.0005					
						in			
据BORE计算透平前后脚垂直偏移量V_OFFSET	-0.001	上正下负	-0.013	mm	D1	92.765		90	
计算透平前脚垂直调整量v1'	-0.001	上正下负	-0.031	mm	D2	29.482		30	
计算透平后脚垂直调整量v2'	-0.005	上正下负	-0.129	mm	FACE D	12		12	
计算透平前脚垂直调整量v1	-0.001	上正下负	-0.019	mm					
计算透平后脚垂直调整量v2	-0.005	上正下负	-0.117	mm					
3、从透平后脚向后退进(根据FACE计算透平前脚调整量h1')，再测量BORE和FACE。									

LD221-1　LD221-1 (2)　LD221-1 (3)　BACKUP

图 3-109　压缩机对中计算电子表格示意图

3.5.5 编写项目标准化施工程序

压缩机内缸的自主更换后，针对筒型离心压缩机内缸更换工作，编写图文化操作规程，为筒型离心压缩机解体和组装工作提供良好的借鉴和参考。

3.6 项目效益及推广

3.6.1 项目效益

（1）解决燃气轮机压缩机启机故障，确保气田生产时效

天然气离心压缩机作为乐东 22-1 气田的关键外输设备，其能否正常启动运转关系到气田的能否连续平稳生产和完成产量。通过这次内缸更换，解决了天然气离心压缩机 A 因振动高不能启动的问题，同时挽救了因没备机导致其他 2 台燃气轮机压缩机组长时间运行而无法停机维保的局面。

（2）锻炼了自主维修能力，打破厂家技术垄断

按照“引进、消化吸收、再创新”的方法，实现进口关键设备自主维修。通过这次自主维修，锻炼了天然气离心压缩机维修力量，积累了大量的实战经验，掌握天然气离心压缩机维修技术，突破了国外厂家技术保护壁垒。

（3）节省维修费用和维修时间

本次的压缩机内缸自主更换节约了 80 多万元的维修费用，同时节省等待厂家动复员和排班时间，这对于气田的降本增效方面起到积极的促进作用。

3.6.2 推广分析

（1）为压缩机内缸更换工作提供借鉴和参考

压缩机内缸的自主维修更换结束后，乐东 22-1 气田针对该项工作编写图文化操作规程（图 3-110）。总结内缸更换工作，为压缩机内缸更换工作提供良好的借鉴和参考。

中海石油（中国）有限公司湛江分公司 东方作业公司

LD22-1 气田操作规程

压缩机 C3389HEL 内缸更换

图文化操作规程

乐东 22-1 气田动力班组

2015-10-01

第三部分，详细施工方法

1. 后端轴系零部件拆出：

1.1 拆出出口端盖的盖板：拧下后端盖的盖板上的四个固定螺栓，将盖板拆下

1.2 拆出动平衡盘：在平衡盘与其锁紧螺母上做好标记后，用专用工具 FT43106 将平衡盘锁紧螺母上的卡环拉直，从前端固定转子防止其转动，用 FT44418 拧松后端平衡盘锁紧螺母，随后取出平衡盘锁紧螺母和卡环；

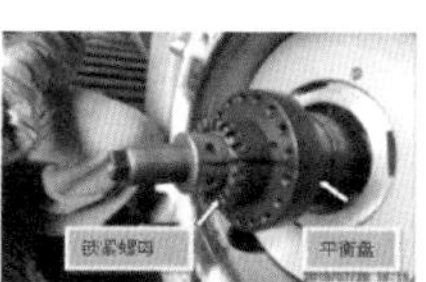

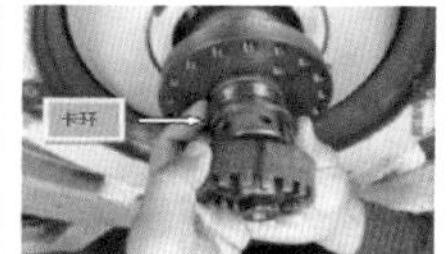

将专用工具 FT44001 固定在平衡盘上，用 1 英寸套筒从前端固定转子防止其转动，旋转 FT44001 顶丝将平衡盘拉出；

图 3-110 压缩机内缸更换图文化操作规程示意图

2016 年乐东 15-1 气田压缩机 B 内缸更换准备工作正在参照压缩机内缸更换图文化操作规程进行，为乐东 15-1 气田压缩机内缸更换工作节省 80 万元左右。

（2）推动天然气离心压缩机维修国产化

压缩机内缸更换除了没有解体内缸，几乎解体整个压缩机，涉及动平衡盘拆装、振动探头拆装、轴承拆装、缓冲气密封部件拆装、干气密封部件拆装和端盖拆装。除了整体的内缸更换可以参照图文化操作规程，以上零部件的更换维修也可以参照图文化操作规程进行，同时还包括压缩机整机安装、对中和调试内容。推动天然气离心压缩机维修国产化，为东方终端、东方 1-1 气田和乐东 15-1 气田的压缩机维修提供参考，为今后海油系统范围内的压缩机国产化维修打下了坚实的基础。

第 4 章　燃气轮机组典型创新技术及良好作业实践案例汇编

4.1 燃气轮机驱动压缩机良好作业实践

4.1.1　海上气田湿式压缩机转子结垢治理与防护研究

4.1.1.1　项目背景

某气田燃气轮机压缩机 C 机从 2009 年 9 月开始投用，至 2010 年 11 月出现振动高报警关停的现象，经内窥镜检查，发现压缩机转子结垢相当严重，于 12 月返厂进行清洗维修。2011 年 3 月，C 机运返平台安装完毕，再次投用。在运行 96 天后，C 机再次出现振动高报警关停。通过内窥镜检查，确定振动高报警关停仍然是由压缩机转子结垢引起。

经分析，转子结垢的主要原因是：天然气中携带有少量液体，天然气经离心式压缩机做功增压，由于压缩比较大，压缩机出口天然气温升大（30℃升至 100℃左右），水分蒸发加剧，液体中的矿物质析出。经相关厂家分析天然气组分，得出其所含矿物质易析出温度在 95 ～ 102℃范围内，并且析出的矿物质附着在叶轮上，天然气压缩机效率降低，旋转失衡，转子振动频率升高，严重影响天然气压缩机的可靠稳定运行。

压缩机叶轮结垢的情况发生后，厂家无法给出有效解决方法，唯一的建议是将压缩机拆卸拉回国外进行解体清理。如此不但检修费高，维修周期也需近 4 个月，气田无法进行正常生产。综合考虑以上因素，充分发挥技术人员优势，查阅相关资料，寻求解决方案的思路。首先是对生产分离器和压缩机进口涤气罐增加旋流子的改造，提升工艺系统除液能力；与此同时，经过仔细研究分析压缩机结构，以及对结垢物进行取样分析后，大胆创新与尝试，在国内首次成功解决了不拆卸机组在线清洗压缩机转子结垢的问题，缓解了困扰平台多时的压缩机振动问题，确保气田安全生产，也填补了国内同类压缩机在线清洗技术的空白。

4.1.1.2 项目创新技术

（1）大胆尝试，创新开展压缩机在线清洗技术研究

压缩机在线清洗技术，使用弱酸（冰醋酸）和淡水作为清洗液，醋酸和水按 4∶100 比例配比，清洗液的 pH 控制为 3 ～ 4，对压缩机进行在线循环清洗。当压缩机腔体注满清洗液后，分别在压缩机进口和底部排液口连接管线，用气动泵进行循环清洗；并定时检测清洗液的 pH 值，当 pH 没有再升高时说明压缩机叶轮污垢清洗干净。通过半年多的实践，证明使用弱酸循环清洗方法十分有效，压缩机振动情况得到改善，机组运行效率提高很多，压缩机清洗周期提高 30 多天，缓解了气田的工作压力。

为了进一步提高在线清洗的效率，根据洗衣机的原理，设计了专用盘车工具，尝试在循环清洗的同时，让转子以 80 ～ 120r/min 的速度缓慢转动，加快在线清洗的速度，缩短在线清洗作业时间，进一步延长了压缩机清洗周期。

（2）在线清洗作业流程

将结垢物质样品送研究机构进行化验分析，结果（表 4-1）显示：结

表 4-1　某气田地层水分析化验报告

<table>
<tr><td colspan="6">水分析报告</td></tr>
<tr><td>样品编号:</td><td>201110673</td><td>地点</td><td>某气田</td><td>取样点</td><td>压缩机进口内部</td></tr>
<tr><td colspan="6">分析结果</td></tr>
<tr><td colspan="2">分析项目名称</td><td colspan="2">mg/L</td><td>分析项目名称</td><td>mg/L</td></tr>
<tr><td colspan="2">CO_3^{2-}</td><td colspan="2">未检出</td><td>Ba^{2+}</td><td>—</td></tr>
<tr><td colspan="2">HCO_3^-</td><td colspan="2">2359</td><td>Sr^{2+}</td><td>—</td></tr>
<tr><td colspan="2">OH^-</td><td colspan="2">未检出</td><td>Fe^{2+}</td><td>—</td></tr>
<tr><td colspan="2">Cl^-</td><td colspan="2">8276</td><td>Fe^{3+}</td><td>—</td></tr>
<tr><td colspan="2">SO_4^{2-}</td><td colspan="2">193</td><td>F^-</td><td>—</td></tr>
<tr><td colspan="2">阴离子总量</td><td colspan="2">10828</td><td>Br^-</td><td>—</td></tr>
<tr><td colspan="2">Ca^{2+}</td><td colspan="2">88</td><td>I^-</td><td>—</td></tr>
<tr><td colspan="2">Mg^{2+}</td><td colspan="2">32</td><td>—</td><td>—</td></tr>
<tr><td colspan="2">K^+、Na^+</td><td colspan="2">6187</td><td>密度 / (g/cm^3)</td><td>1.010</td></tr>
<tr><td colspan="2">阳离子总量</td><td colspan="2">6307</td><td>电阻率 / (Ω · m)</td><td>0.392</td></tr>
<tr><td colspan="2">总矿化度</td><td colspan="2">17135</td><td rowspan="2">水型</td><td>$NaHCO_3$ 水型</td></tr>
<tr><td colspan="2">pH</td><td colspan="2">6.79</td><td>Cl^- 水组、Na^+ 亚组</td></tr>
</table>

垢物质的主要成分为 $NaHCO_3$ 水溶型盐类物质，除 Ca^{2+}、Mg^{2+} 离子外，其余的阳离子全部换算成 Na^+ 来计算，含量约为75%，基本都能溶解于水，化验结果为压缩机进行在线清洗提供了依据。如果在现场对压缩机内腔的转子进行在线不拆卸水洗，除垢投入的成本少，能够在短时间内恢复压缩机运行，是一个可行的方案。

实施方案分两步：第一步为淡水清洗，是将淡水注入压缩机腔体到1/2位置，对叶轮进行24h浸泡，然后人工转动叶轮180° 再次注水浸泡24h，如此反复进行3 ～ 4遍浸泡和切换。内窥镜观察的结果表明用淡水浸泡清洗法可以除掉转子的叶轮表面上NaCl、KCl等易溶解于水的盐垢，叶轮上的盐垢已经大为减少，但还有少量盐垢附着在叶轮表面未清除干净。分析认为，由于地层水中还含有 Ca^{2+}、Mg^{2+} 和 HCO_3^- 离子，在压缩机内部的高温下，HCO_3^- 会和 Ca^{2+}、Mg^{2+} 发生化学反应，产生 $CaCO_3$、$MgCO_3$，反应方程式如下：

$$Ca(HCO_3)_2 = CaCO_3 \downarrow + H_2O + CO_2 \uparrow$$

$$Mg(HCO_3)_2 = MgCO_3 \downarrow + H_2O + CO_2 \uparrow$$

而 $CaCO_3$、$MgCO_3$ 不溶于水，因此淡水水无法彻底将盐垢清洗干净，虽然清洗后试机发现压缩机振动减小，但并没有达到理想状态。

第二步为醋酸溶液清洗，是用冰醋酸配成的溶液浸泡，除掉不溶于水的 $CaCO_3$ 和 $MgCO_3$，其化学反应方程式如下：

$$2CH_3COOH+CaCO_3 = Ca(CH_3COO)_2+CO_2 \uparrow +H_2O$$

$$2CH_3COOH+MgCO_3 = Mg(CH_3COO)_2+CO_2 \uparrow +H_2O$$

由于冰醋酸属于弱酸，对压缩机转子的金属腐蚀很小，而且在市场上容易获得，是较佳的清洗剂。最终决定采用冰醋酸的水溶液作为清洗剂，实施在线循环清洗作业。压缩机清洗示意图如图4-1所示，具体作业程序为：

① 能源隔离，拆除相关管线及安装液位计；

② 如图4-1所示，连接好清洗液储罐、循环泵、进液口和出液口；

③ 将醋酸和水按4∶100比例配比成清洗液，清洗液的pH控制为3 ～ 4；

④ 导通清洗流程，将配好的清洗液通过循环泵注满压缩机腔体，保持机体内液位，确保清洗液沿着清洗液储罐-循环泵-压缩机进行循环；

⑤ 定时检测清洗液的pH值，当pH不再升高时说明压缩机叶轮污垢清洗干净；

⑥ 清洗结束后，排掉压缩机腔体内的残液，马上使用淡水进行浸泡冲洗；

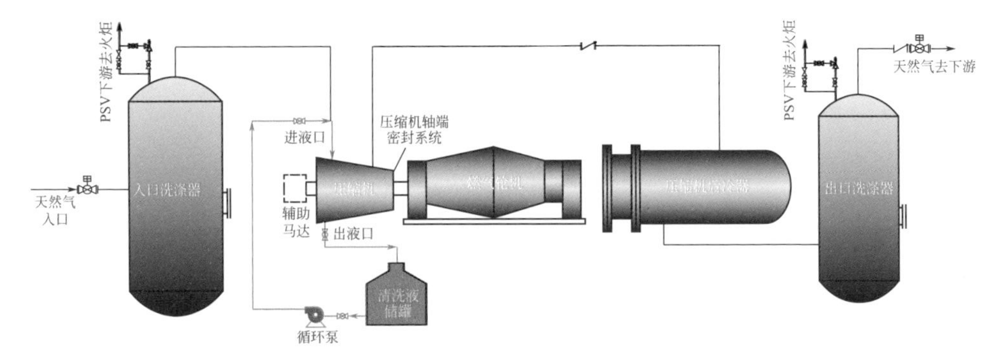

图 4-1　压缩机清洗示意图

⑦ 管线回装，惰化吹扫，冲压测漏，启机测试。

结果表明，使用冰醋酸循环清洗除垢的方法十分有效，清洗后压缩机振动情况得到明显改善，机组运行效率提高 30%，有效缓解了气田的生产压力。

（3）设计制作盘车工具，缩短在线清洗时间，提高清洗效率

为了进一步提高在线清洗的效率，根据洗衣机的原理，设计了专用盘车工具（如图 4-2 所示），尝试在循环清洗的同时，让转子以 80 ～ 120r/min 的速度缓慢转动，使原来的静态浸泡变成转动浸泡，加大了压缩机腔体内扰流，使盐垢溶解速度加快，提高了清洗的效率，缩短了清洗作业时间，通过内窥镜检查，清洗效果显著，如图 4-3、图 4-4 所示。

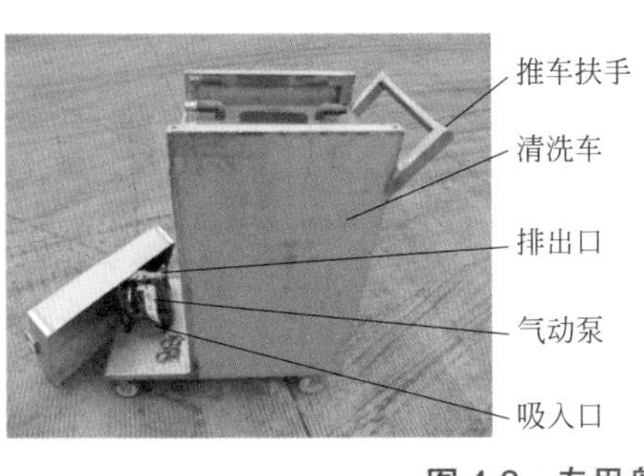

图 4-2　专用盘车工具示意图

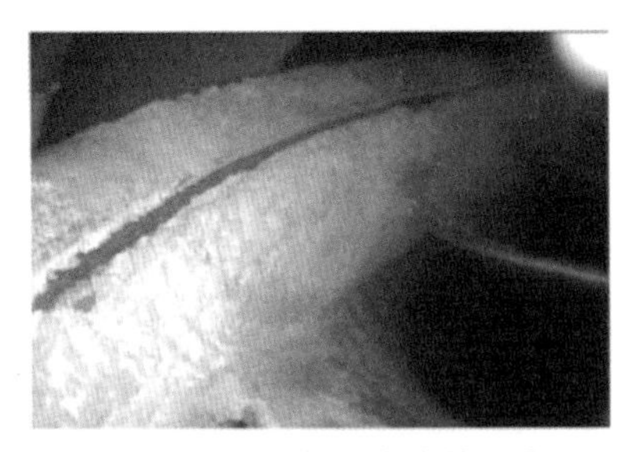

图 4-3　叶轮内部清洗前示意图

图 4-4　叶轮内部清洗后示意图

（4）攻克关键技术难点

① 压缩机的干气密封和轴承的保护　干气密封位于工艺气及压缩机密封之间。轴承的串联密封系统包括主密封及次级密封，一同来防止工艺气的泄露。主密封系统用来承担整个压力降，它起着最主要的密封作用。次级密封作为备用防线，位于工艺气及大气之间，通常在零压差的状态下操作。缓冲空气或氮气是一个开口环式的密封，用来隔离滑油和密封气。通过对压缩机干气密封的结构与工作原理进行分析，在线清洗的主要风险是清洗过程中污垢杂质和清洗液入侵干气密封气系统，导致干气密封失效与损坏，因此，在线清洗技术的关键是做好干气密封和轴承的保护，清洗前必须启用工艺天然气对压缩机干气密封进行保护，避免在线清洗过程中，清洗液对干气密封的污染。需要时刻注意观察控制界面中的密封气系统压力，使干气密封压差不低于130kPa，缓冲器密封不低于152kPa，确保压缩机密封系统的安全；同时，启动交流滑油泵，防止盘车过程轴承温度过高损坏。

② 清洗液pH的控制　清洗液是弱酸（冰醋酸）和淡水按4∶100比例配比，清洗液的pH控制在3～4之间，不能太低，否则会对压缩机造成腐蚀。在酸液排完后必须用苏打水中和，并用淡水浸泡清洗，同时检验pH为中性，最后用氮气对压缩机进行干燥，避免残留酸液对叶轮和定子的损坏。

4.1.1.3　项目实施效果

（1）效益情况

现场应用压缩机在线清洗技术，有效解决了乐东22-1气田压缩机叶轮结垢引起的振动问题，比拆卸压缩机返厂清洗维修方案，每次节约维修费用16万美金，配件费用24万美金，维修周期缩短4个月，确保气田安全和稳定生产。通过对压缩机干气密封的结构与工作原理进行分析，利用工艺天然气对压缩机干气密封进行保护，避免在对压缩机在线清洗过程中，水对干气密封的污染。

（2）推广分析

压缩机在线清洗技术属于国内同类机组首次应用，该技术填补了国内压缩机在线清洗技术的空白，同时，该项技术也在其他装置进行了推广应用，也同样取得了良好的效果。

4.1.2　海上气田透平压缩机国产化解体维修实践

4.1.2.1　项目背景

海上某气田不断探索在线转子清洗方法，首先是转子水洗，接着是转子酸洗，然后酸洗同时进行盘车，最后采用热水清洗加盘车以及在压缩机进口涤气罐注入三甘醇脱水等措施。

但是从2014年开始，转子清洗间隔时间由之前的半年缩短到两周，直至6月份透平压缩机组A在转子清洗后仍然无法启动。国外厂家先后两次来人进行现场动平衡，仍无法启机，判断可能是转子结垢后振动导致叶轮损坏，建议将压缩机拆卸拉回国外工厂进行解体检修。如频繁送美国原厂检修，气田将无法承担如此高的维修成本。

气田决定依靠国内维修力量突破国外技术保护壁垒，探寻一条既省钱又省时的维修之道，实现进口天然气离心压缩机维修国产化。经过比较最终选择陕鼓动力进行离心压缩机的解体维修。送修前双方经深入研讨后达成了一致的维修方案，即先解体清洗查明原因，接下来是转子高速动平衡，然后总装上试车站测试，最后回装现场测试投用。

4.1.2.2 项目所采用的技术方法

（1）筒型天然气离心压缩机首次国内解体和组装

① 筒型离心压缩机结构和内气缸结构　筒型离心压缩机，也叫垂直剖分型离心压缩机，有内、外两层气缸，外气缸为一筒形，两端有端盖，内气缸垂直剖分，其组装好后再推入外气缸中。此种结构缸体强度高、密封性好、刚性好，但安装困难、检修不便，适用于高压力或密封性要求高的场合。在此之前没有类似的解体维修经验，合作企业陕鼓动力也只有水平剖分型离心压缩机生产维修经验。但这是两类不同结构的离心压缩机，解体和安装方法不同，适用场合也不同。水平剖分型离心式压缩机有一水平中分面将气缸分为上下两半，在中分面处用螺栓连接。此种结构拆装方便，适用于中、低压力场合。本气田采用的索拉天然气压缩机是筒型离心压缩机结构，主要由外气缸、内气缸、2个端盖、轴承、干气密封和缓冲气密封等组成，其结构图如图4-5所示。

要解体转子，还需了解内气缸的结构。索拉筒型离心压缩机内气缸（转子和定子总成）结构图如图4-6所示。要拆解该台压缩机，还需要和陕鼓维修人员充分交流意见，摸透技术要求后才正式开始解体。

② 索拉筒型离心压缩机解体步骤

a. 拆除进口端联轴节轮毂；

b. 拆除进口端振动探头盖板和振动探头支架；

c. 拆除进口端止推轴承和径向轴承总成（图4-5#1）；

d. 拆除进口端缓冲气密封（图4-5#2）；

e. 拆除进口端干气密封（图4-5#2）；

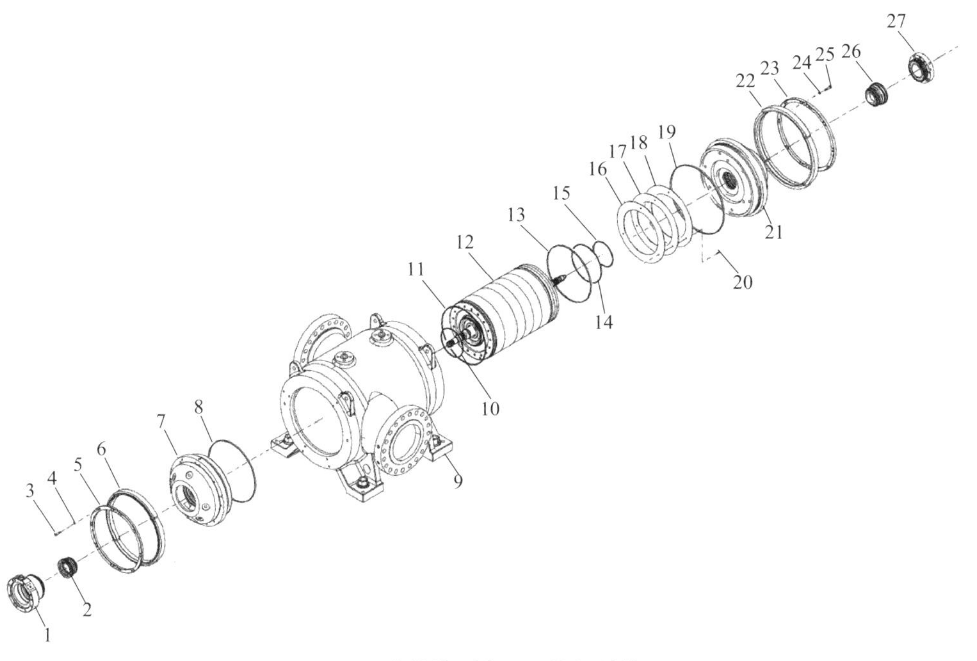

图 4-5　索拉筒型离心压缩机结构图

1—进口端轴承总成；2—进口端干气密封总成；3—螺栓 5/8-11X3.5；4—垫片 5/8；5—分段挡圈；6—分段楔紧圈；7—进口端盖；8—压力密封圈；9—压缩机外壳（外气缸）；10, 11, 14, 15—O 型圈；12—内气缸（转子定子总成）；13—压力密封圈；16—垫片 0.015；17—垫片 0.020；18—垫片 0.040；19—压力密封圈；20—螺栓 5/16-18X5.0；21—出口端盖；22—分段楔紧圈；23—分段挡圈；24—弹簧垫 5/8；25—螺栓 5/8-11X3.5；26—出口端干气密封总成；27—出口端轴承总成

f. 拆除出口端平衡盘；

g. 拆除出口端振动探头盖板和振动探头支架；

h. 拆除出口端止推轴承和径向轴承总成（图 4-5 #27）；

i. 拆除出口端缓冲气密封（图 4-5#26）；

j. 拆除出口端干气密封（图 4-5 #26）；

k. 拆除出口端端盖（图 4-5 #21）；

l. 拆除进口端端盖（图 4-5 #7）；

m. 抽出内气缸（转子定子总成）（需要专用液压工具和顶出螺栓）（图 4-5 #12）；

③ 内气缸解体步骤

a. 拆除平衡活塞的密封外罩（图 4-6#45）的锁紧螺母（图 4-6#41）；

b. 用葫芦吊移除平衡活塞的密封外罩（图 4-6#45）；

c. 利用隔板分离工具（自制 FT44017）从外间隔（图 4-6#37/#38/#39）分离出平衡活塞的密封外罩（图 4-6#45），小心移出平衡活塞的密封外罩（图 4-6#45）、内间隔（图 4-6#33/#34/#35）和出口级隔板（图 4-6#32）；

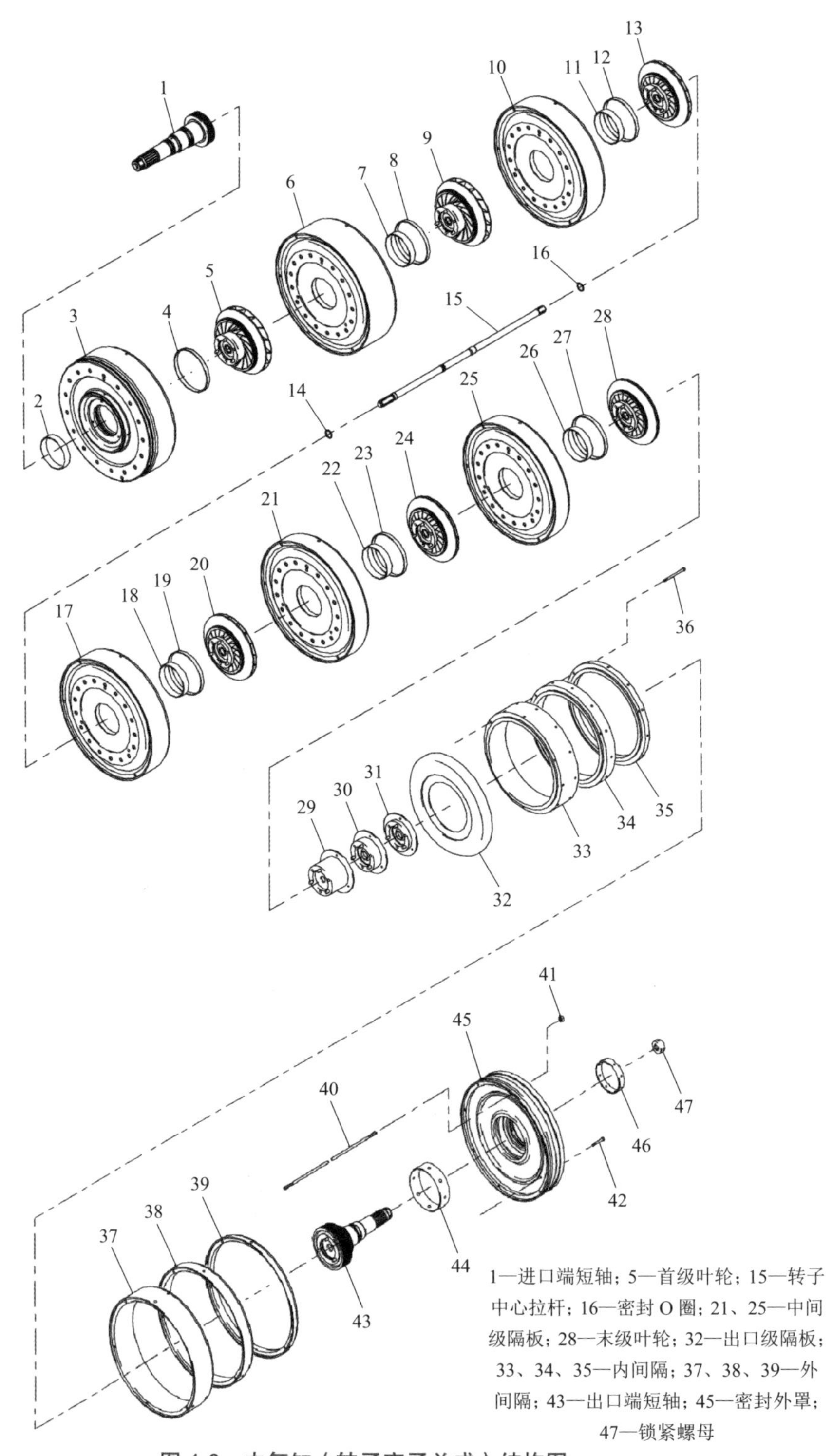

1—进口端短轴；5—首级叶轮；15—转子中心拉杆；16—密封O圈；21、25—中间级隔板；28—末级叶轮；32—出口级隔板；33、34、35—内间隔；37、38、39—外间隔；43—出口端短轴；45—密封外罩；47—锁紧螺母

图4-6　内气缸（转子定子总成）结构图

d. 利用隔板分离工具（自制 FT44017）从中间级的隔板（图 4-6#25）分离出外间隔（图 4-6#37/#38/#39）；

e. 利用转子拉伸工具（自制 FT44006），拉伸转子中心拉杆（图 4-6#15）并松开转子锁紧螺母（图 4-6#47）（关键点：冷拉伸转子的中心拉杆的拉伸量仅仅够松开转子的锁紧螺母即可，拉伸太长可能导致拉杆破坏或达到屈服极限，预拉伸强度值是屈服极限的 95%。索拉公司出于技术保密，没有提供转子拉杆的材质或屈服极限。所以只能参照组装时的拉长量 6.86 ～ 6.98mm，从 2.0mm 开始测试逐步拉长，直到转子的锁紧螺母可以松开，此时，记录冷拉伸长度为 6.86mm）；

f. 利用转子拉伸工具（自制 FT44006）拆出锁紧螺母（图 4-6#47）；

g. 利用叶轮分离工具（自制 FT44003）从转子组合体分离出口端短轴（图 4-6#43）；

h. 利用出口端短轴吊装工具（FT44027）从转子中心拉杆（图 4-6#15）拆出出口端短轴（图 4-6#43）；移除密封 O 圈（图 4-6#16）；

i. 测量并记录从转子定子模块基准至最后中间级隔板顶面的距离，作为组装的参照；

j. 利用叶轮顶出和吊装工具（自制 FT44002），拉出末级叶轮（图 4-6#28）；

k. 安装 3 吊环螺栓到中间级隔板（图 4-6#25），用葫芦吊挂住（必须保持中间级的隔板是水平的，这样可以保护迷宫密封不被损坏）；

l. 利用隔板分离工具（自制 FT44017）从相邻的中间级隔板（图 4-6#21）分离出中间级隔板（图 4-6#25）并拆出；

m. 重复步骤 i 到步骤 l 直到拆出其他剩下的叶轮和中间级隔板（除了首级叶轮）；

n. 利用转子活动扳手工具（自制 FT44023）拆出转子中心拉杆（图 4-6#15），利用进口端短轴分离工具（自制 FT44004）分离首级叶轮（图 4-6#5）与进口端短轴（图 4-6#1）。

（2）激光熔覆技术在离心压缩机转子修复上的应用

叶轮着色探伤发现第 1、2、4、8 级叶轮存在不同程度的裂痕。索拉不提供单个叶轮采购，需采购整个转子，但转子价格高昂，而且采购周期较长，所以决定以修代换。索拉离心压缩机采用封闭式叶轮，可操作空间非常小。传统的堆焊再到数控加工中心切削修复的工艺行不通。一是没有堆焊的操作空间；二是手工堆焊叶轮热变形大，影响转子的动平衡。经与陕鼓动力技术人员共同研究，决定移植比较先进的表面处理技术——激光熔覆再制造技术来修复叶轮裂痕，图 4-7 为修复前裂纹探伤示意图，图 4-8 为裂纹修复后探伤示意图。

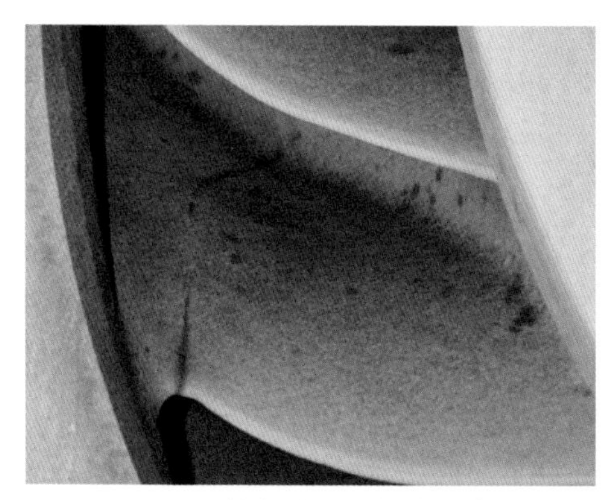

图 4-7 修复前裂纹探伤示意图

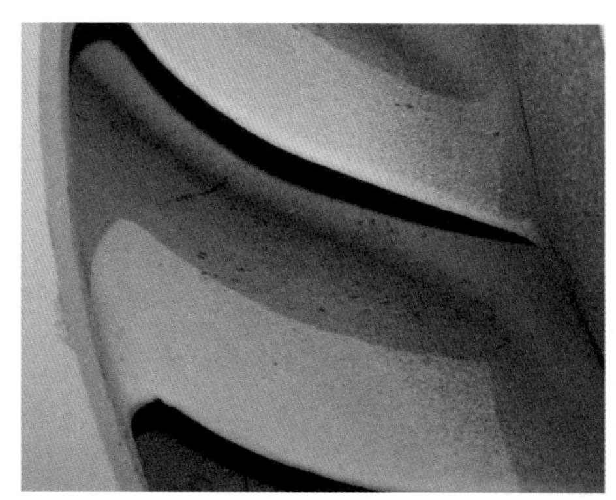

图 4-8 裂纹修复后探伤示意图

激光熔覆（laser cladding）也称激光包覆或激光熔敷，是一种新的表面改性技术。它通过在基材表面添加熔覆材料，并利用高能密度的激光束使之与基材表面薄层一起熔凝，从而在基层表面形成冶金结合的添料熔覆层。与传统的堆焊和喷涂、喷焊等表面熔覆改性的方法相比，激光熔覆使熔覆层组织的微观结构更加均匀细化，工件热变形小，母材的热影响区小，熔覆层稀释率小（一般小于 5%），利于改善材料表面的耐疲劳、耐磨损和耐腐蚀性。预置式激光熔覆，即熔覆材料事先置于基材表面的熔覆部位，然后采用激光束辐照扫描熔化，熔覆材料以粉末的形式加入。预置式激光熔覆的主要工艺流程为：基材熔覆表面预处理 - 预置熔覆材料 - 预热 - 激光熔化 - 后热处理。

激光熔覆修复后，首先对叶轮进行无损探伤，检验修复质量。利用叶片型线数据及五坐标检验手段，检验修复叶片的型线。最后对叶轮进行气动性能计算，预计修复所产生的效率损失，并进行相应的改进，保证修复后的叶轮性能。

存在的风险包括：第 2、4 级叶轮由于空间限制有部分裂纹无法修复，转子高速运转时存在叶轮开裂造成较大事故的风险；熔覆层质量不易控制，稳定性有待观察；激光熔覆层的开裂敏感性仍然是困扰国内外激光熔覆研究者的一个难题。

（3）转子动平衡试验

由于压缩机振动高无法启机才解体维修，所以采用申克动平衡机对每个叶轮都进行动平衡测试。在每个叶轮都达到高速动平衡后，再组装成转子进行整体高速动平衡测试。据国内厂家统计，在做了 31 次动平衡测试后，转子的动平衡数据才符合国内厂家出厂质量要求。国内厂家要求高速转子动平衡的振动值小于 1.8mm/s 才算合格。

由于刚开始采用的是小摆架进行高速动平衡，结果总是不理想，每当达到转子一阶临界转速4750r/min时振动值都超标。更换大摆架后，在临界转速5000r/min时，振动值为0.38mm/s（小于上次动平衡临界振动值3.86mm/s）。振动值随着转速升高呈下降趋势。当转速超过8400r/min，振动值随转速增加而增加，最大振动值为0.24mm/s。转速-振动曲线如图4-9所示，线轨迹中心如图4-10所示。

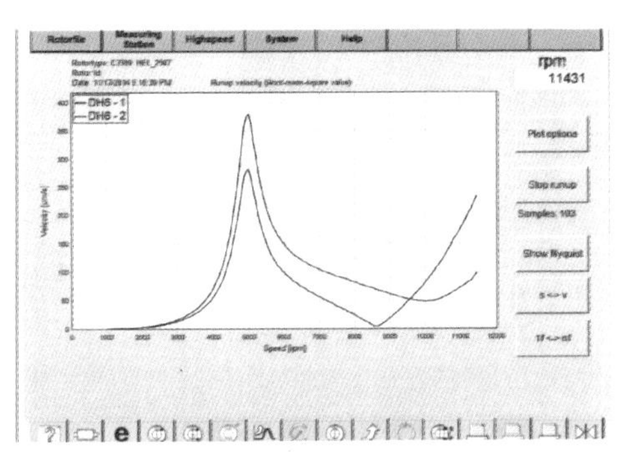

图4-9　动平衡曲线

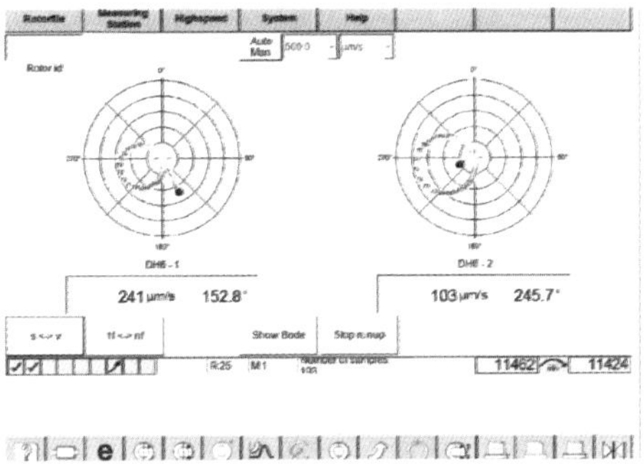

图4-10　线轨迹中心

筒型离心压缩机转子装配方法具有特殊性，首先由叶轮、扩压器、弯道、回流器组成一个“级”，然后通过拉杆把全部“级”串到一块拉紧，组装成转子和定子组合的内气缸，最后把内气缸塞进外气缸。所以必须在总装之前单独测试转子的动平衡，以测试装配误差。否则总装后再进行动平衡试验发现不平衡问题，需要重新解体筒型离心压缩机。为了确保总装可靠性，解体后已经通过动平衡测试的转子，重新组装并再次进行动平衡测试。两次动平衡测量振动值都在允许范围之内，再一次解体转子，进行总装。

在转子动平衡测试的同时确定了叶轮修复后离心压缩机实际一阶临界转速有所提高，由原来的4750r/min变成了5000r/min。由于改变不大，安装至海上平台时不需调节燃气透平通过一阶临界转速的速度。如果离心压缩机一阶临界转速改变较大，还需修改燃气透平通过一阶临界转速的速度，即提高通过离心压缩机一阶临界转速的速度，快速越过临界区域，避免振动加大对离心压缩机造成损坏。

（4）透平离心式压缩机真空试车

由于空气密度大于天然气密度，使用空气作为测试介质时会造成轴承及叶片负荷增大，存在轴承温度过高和叶轮负荷过大的风险。因此，压缩机试车在真空条件下进行。进口安装盲端及真空压力表，出口安装抽真空管线保持系统内持续真空状态。测试总共历时约30min。

真空试车过程：

① 将离心压缩机安装至试车站（图 4-11），依次连接驱动电机、液力耦合器、变速齿轮箱和离心压缩机；

图 4-11　试车站示意图

② 安装联轴器并对中；

③ 安装滑油给油、回油管线并调试滑油站滑油控制压力；

④ 安装密封气和缓冲气管线，并调试密封气站的密封气和缓冲气压力控制；

⑤ 离心压缩机进口安装盲板及真空压力表，出口安装抽真空管线与抽真空站连接，维持压缩机系统内为真空状态，抽真空站调试，真空度测试，运转对保持真空度为 0.003MPa；

⑥ 测量仪表安装及测量系统调试；

⑦ 连接振动探头及位移探头至振动监控系统的前置信号放大器并调试；

⑧ 连接轴承热电偶至监控系统的 RTD 模块并调试；

⑨ 驱动电机及液力耦合器测试；

⑩ 试车前控制室数据核实确认、记录。

现场的振动数据及曲线采集器显示在设备静止时普遍有 7μm 左右的正向漂移，在之后测试过程中以数据采集值为准，振动曲线采集器值减去相应正向漂移值为真实值。振动数据及曲线采集器捕捉到转子在经过一阶临界转速 5000r/min 时，因为加速度过大（3 ～ 5s 从静止升至 10000r）振动值飙升至 50μm 左右，属正常现象。转速增加至 9988r/min 时，振动值比较理想：FWD_X 8.8μm；FWD_Y 0.6μm；AFT_X 21.6μm；AFT_Y 17.1μm；轴向位移 −0.27μm。滑油温度显示正常：43℃左右。转速升至 11321r/min 时，振动变化不大：FWD_X 7.3μm；FWD_Y 8.8μm；AFT_X 21.7μm；AFT_Y 16.1μm；轴向位移 −0.28μm。

然后进行降速测试，逐渐降低转速，观察记录不同转速下离心压缩机的振动值。相关试车数据记录如表 4-2 所示。

表 4-2　试车数据记录

序号	转速 /（r/min）	径向振动						轴向振动			备注
		振动值 / μm				报警值 / μm	关停值 / μm	轴向位移 /mm	报警值 /mm	关停值 /mm	
		FWD _ X	FWD _ Y	AFT _ X	AFT _ Y						
1	0	0	0	0	0	50.8	63.5	-0.07	±0.305	±0.432	实时显示正常，但采集器值都有，7μm 左右的正向漂移
2	9988	8.8	0.6	21.6	17.1	50.8	63.5	-0.27	±0.305	±0.432	FWD_Y 接线检查紧固后正常
3	11321	7.3	8.8	21.7	16.1	50.8	63.5	-0.28	±0.305	±0.432	振动值较为理想
4	11560	6.7	6.7	22.1	16.2	50.8	63.5	-0.28	±0.305	±0.432	振动值较为理想
5	11485	7.1	7.1	22	15.5	50.8	63.5	-0.28	±0.305	±0.432	振动值较为理想
6	11359	7.7	9.1	19.1	13.7	50.8	63.5	-0.28	±0.305	±0.432	振动值较为理想
7	9897	10.2	9.2	13.4	19.8	50.8	63.5	-0.27	±0.305	±0.432	振动值较为理想
8	4519	22.1	22.9	56.2	35.8	50.8	63.5	-0.23	±0.305	±0.432	跨越共振区域，振动采集器值，每个振动值减 7μm
9	3917	18.1	16.3	44.9	29.3	50.8	63.5	-0.23	±0.305	±0.432	跨越共振区域，振动采集器值，每个振动值减 7μm
10	3519	15.1	10.2	28	22.8	50.8	63.5	-0.24	±0.305	±0.432	振动采集器值，每个振动值减 7μm

4.1.2.3 效果与启示

天然气离心压缩机国产化维修后，自主安装调试，经过启动、空载、带载和停车测试，振动值都正常，解决了压缩机不能启动的问题，该机组检修后平稳运转1700h，标志着中海油首次进口天然气离心压缩机国产化维修取得成功。

4.1.3 海上气田燃气轮机压缩机机组辅助系列改造实践

4.1.3.1 项目背景

东方1-1气田共有三台燃气轮机压缩机，机型为金牛70型燃气轮机压缩机，属于气田生产外输上的关键设备。东方1-1气田压缩机的目的是利用它的增压功能，将经过处理后的天然气增压后通过海底管线输送到下游用户。机组从2007年投入运行以来，开始为单台机组运行，2011年1月开始两台机组串联运行，2012年8月份开始三台机组串联运行。机组的稳定运行对保证气量和供给下游用户至关重要。

东方1-1气田三台天然气透平压缩机自2007年投用以来，机组由于设计原因先后多次出现过机组机撬压差过低、机撬差压开关易动作以及旋流分离器液位跳动等原因导致机组运行不稳定。同时三台机组滑油冷却器也存在设计问题，在机组2007年投运后不久，在压缩机2610运行1900h就腐蚀穿孔，经检查其他两台机组滑油冷却器也腐蚀严重；还有机组启动点火困难等影响压缩机的稳定运行。经过多年的不断改造，包括对通风系统、旋流分离器排液系统、滑油冷却器、点火系统以及压缩机排液系统的一系列改造，极大地提高了压缩机运行的可靠性和稳定性，尤其是避台期间压缩机稳定运行的可靠性，压缩机由于以上原因停机的情况基本被消除，效果显著。2011年三次避台和2012年的超强台风都保持了不停压缩机生产，保障了气田的安全稳定生产，为气田产量的超额完成奠定了基础。

4.1.3.2 项目创新技术

（1）通风系统改造

金牛座T70-C402燃气轮机压缩机组的机撬采用微正压通风形式，即机撬内部通过机撬风机保持相对于机撬外面较高的压力。机撬内外压差大于0.25in水柱（0.0635kPa）时，表示机撬通风良好；当机撬压差低于0.25in水柱时，产生一个低的报警信号；压差低于0.15in（0.0381kPa）水柱时，则产生一个压差低低的关停信号，关停机组。这样设计一方面是为了防止机组内可燃气堆积或者燃气大量泄漏时由于燃气探头失效而引起的爆炸；另一方面是为了给机组散热，防止撬内温度过高，损坏机组内的各种仪表设备，保证机组安全运转。

但是这种设计也导致在大风期间机组不稳定，由于风大很容易使机撬内外压差过低，机撬风机故障差压开关动作引起机组关停，影响生产。为了在大风尤其是台风期间能够既不影响产量，又使设备安全运转，气田对压缩机的通风系统做了如下改造：

① 改造机撬进风口　为进风口增加防护罩，挡雨的同时使机撬进口气体方向得到改变，减少外界气流对机撬压力的影响，从而减少机组因为差压低低关停的可能性，如图 4-12 所示。

图 4-12　改造机撬进风口示意图

② 改造机撬排风口　对机撬排风口做了改进，在保证机撬通风量的前提下，在机撬出风口加装挡风罩，使出风方向由原来的水平改为朝下，这样就减少了由于外界风大倒灌进入机撬的风量，导致机撬风机故障差压开关检测到风扇排压过低停机的可能性降低。同时，可增加机撬内部背压，降低了机撬差压过低停机的可能性。机撬排风口改造前如图 4-13 所示，机撬排风口改造后如图 4-14 所示。

图 4-13　机撬排风口改造前示意图

图 4-14　机撬排风口改造后示意图

③ 改造机撬外部取压点　压缩机机撬压差取压口设计的位置是在现场控制柜后的机撬壁上，仪表管通过机撬壁上的孔直接置于大气中。在台风来临或有大风时，外界的气压波动容易造成机撬压差不稳定，当某一瞬间，风速很大，而且直接作用到取压口处，机撬压差小于关停值而导致机组关停。因此这种设计导致在台风或风速较大的情况下机组运行的不稳定，直接影响气田的正常生产。针对这种情况，对机撬压差取压口进行改进，加装了挡风罩，即相当于在小型的密闭空间上钻若干个孔，而且取压口的方向是朝下的。这样一来，在现场环境正常的情况下，机撬压差取压点不会受到挡风罩的影响，在台风或风速较大的情况下，快速气流不会直接作用于机撬压差的取压点上，而是要经过挡风罩，经过挡风罩后风速减慢，对机撬压差取压点的影响就会减弱。机撬外部取压点改造前如图 4-15 所示，机撬外部取压点改造后如图 4-16 所示。

图 4-15　机撬外部取压点改造前示意图

图 4-16　机撬外部取压点改造后示意图

④ 将机撬通风风扇电源由正常母排改到应急母排，保证在透平发电机停机时，正常母排掉电情况下，压缩机可以在应急柴油发电机自动启动后继续运行。

⑤ 通风系统程序修改　为避免短时间内不稳定气流对机撬压力的影响，在机撬压力低低之后添加延时计时器，时间设定为 720s（时间控制在通讯故障中断时间 15min 之内）。720s 以后，压力还是低低，才关停压缩机。也就是说延时并不会阻止压缩机关停，只是降低了机撬压力短时间内过低导致机组关停的风险。

（2）旋流分离器液位控制改造

① 旋流分离器液位变送器从浮筒式更换为更加可靠的差压式变送器，增加液位的稳定性，防止液位波动关停机组。

② 改造旋流分离器排液系统　为旋流分离器排液阀增加 IP 转换器（图 4-17），使阀位由离散量控制变为模拟量控制的排液阀。同时，避台

期间，可在终端遥控打开排液阀，对旋流分离器进行排液，降低了由于排液不及时或者排液阀的电磁阀故障不能排液导致停机的可能性。

图 4-17　旋流分离器液位控制改造流程示意图

③ 旋流分离器排液程序修改　通过修改压缩机下腔自动排液范围（500mm 时排液阀打开、350mm 时排液阀关闭改为 470mm 时排液阀打开、435mm 时排液阀关闭），提高排液的频率，避免一次性排液太多，导致聚结压力高，从而又致使其他液体排不到聚结分离器。同时设定点远在原来设定点的高高、低低设定值之内，保障机组基本不会因为液位高高、低低关停。

（3）滑油冷却器防腐改造

东方气田湿气压缩机滑油冷却器在使用不到一年的时间里，三台滑油冷却器封头均出现不同程度的腐蚀穿孔，考虑到海水对压缩机滑油系统可能造成的危害，在冷却器加装防腐锌棒封头，方便日后更换锌棒，封头内部均做防腐处理。此次对滑油冷却器封头的改造，确保了湿气压缩机滑油冷却器的正常使用，保障了机组的稳定运行。

材质为钢的滑油冷却器的保护，应用牺牲阳极的方法，它是用一种更为活泼的金属——锌，连接在滑油冷却的封头上。这样，当发生电化学腐蚀时，被腐蚀的就是锌，而刚就被保护了，其实质是一种原电池反应，如图 4-18 所示。

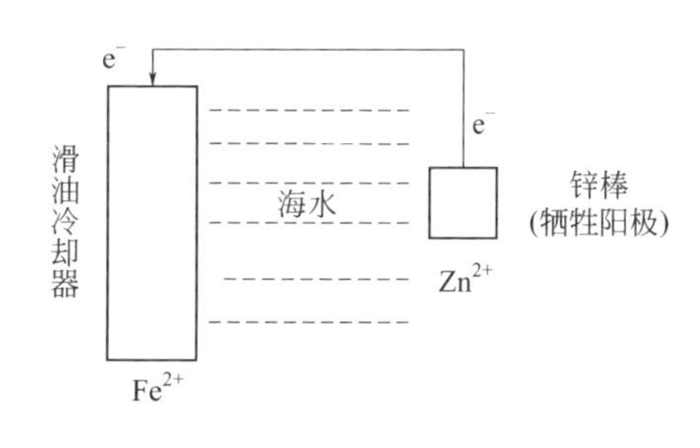

图 4-18　滑油冷却器防腐改造示意图

（4）点火工艺流程改造

压缩机投产之初，由于燃气组分、燃气杂质含量等的波动，在压缩机启动过程中点火成功率较低，导致大量吹扫用的天然气放空，同时机组的备用功能得不到保障。自主设计和施工，改造压缩机点火管线和优化点火流程，引入平台优质气源直接点火，收到很好的效果，有效地提高了点火成功率，大大减少了湿气压缩机启动过程中天然气的消耗量。

（5）压缩机排液改造

燃气轮机压缩机原未设计排液管线，排液口用 2 个盲板密封。这样排液只能停机泄压后，拆开盲板，依靠液体的重力排出。由于没有排液管线，作业空间又非常有限，收集排液成了问题。残留的天然气也会排出，增加燃气轮机压缩机区域可燃气存在的风险，同时作业者会吸入少量天然气造成身体不适。原来每次排液需要 2 个人合作，拆装加排液大约需要 3h 才能完成作业。改造后新增排液管线至比排灌和排液阀门，整个排液操作非常简便，只需打开排液阀，液体就会直接排至闭排罐。1 个人 10min 左右就可以完成排液操作，而且可以带压排液。避免操作者直接吸入天然气，并极大提高工作效率，降低残留的天然气排到危险区域的可能性，如图 4-19 所示。

图 4-19　压缩机排液改造示意图

4.1.3.3　项目实施效果

（1）效益情况

经过多年的不断改造，包括对通风系统、旋流分离器排液系统、滑油冷却器、点火系统以及压缩机排液系统的一系列改造，极大地提高了压缩机运行的可靠性和稳定性，压缩机由于以上原因停机的情况基本被消除，效果显著。

压缩机的稳定运行、避免关停，可减少放空天然气 1.33 万立方米/年。考虑每年避台两次，每次人员全部撤离两天，每天可多生产 300 万立方米天然气，这样每年由于压缩机避台期间稳定运行可多生产天然气1200万立方米，减少损失约816万元，为公司节能减排做出贡献。

（2）推广分析

通风系统部分改造经验已经被乐东气田采用。为了减少台风天气影响，对机撬通风系统进行了一系列适应性改造措施：

① 在进风口和出风口加装风罩，由原来的水平方向改为垂直方向，改变进出口的空气流向。进风口加装风罩能有效防止雨水进入过滤器，出风口加装风罩能增加排风背压。其次，把机撬压差变送器的撬外取压点改接到气流扰动影响较小的地方，并加防风防雨罩子。

② 修改通风系统的PLC程序，机撬压力低低之后添加延时计时器，消除外界气流瞬时扰动的影响。

③ 把机撬通风风机电源由原来正常供电母排改挂到应急供电母排，确保正常母排掉电情况下，燃气轮机压缩机组可以在应急柴油发电机自动启动后继续运行。

4.1.4 东方1-1平台透平压缩机出口管线及调速系统升级改造

4.1.4.1 项目背景

（1）项目概况

东方1-1气田位于南海北部莺歌海海域，海南省莺歌海镇正西方100km处，是我国海上最大的自营气田，由中心平台CEP、井口A平台、井口B平台、井口E平台组成，日产天然气$800\times10^4m^3$，伴生少量水和凝析油。各平台及东方终端位置示意图见图4-20。

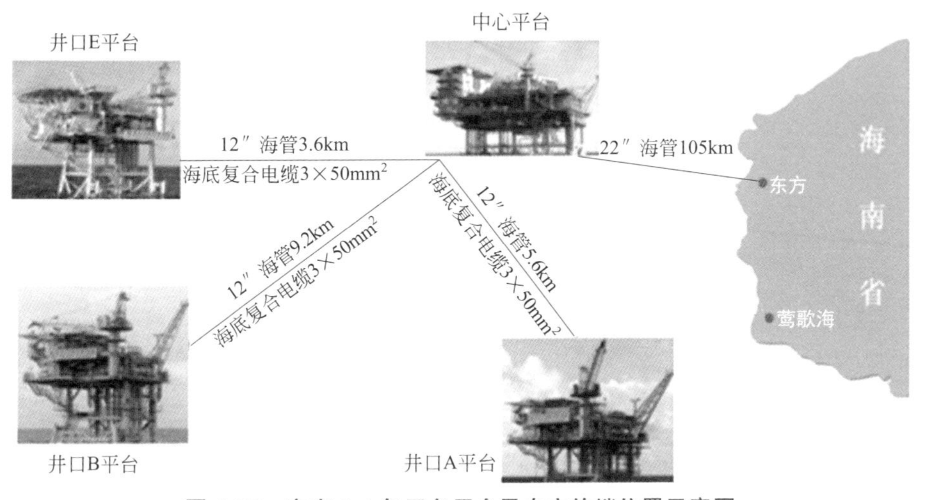

图4-20 东方1-1气田各平台及东方终端位置示意图

目前东方1-1气田共有32口气井，每口气井二氧化碳含量差异较大，二氧化碳含量40%以下称为低碳井，40%以上称为高碳井。中心平台有6口高碳井和2口低碳井（混合后呈高碳），井口E平台有2口高碳井和4口低碳井（混合后呈低碳），井口A与B平台18口井全为低碳井。A平台、B平台、E平台的天然气分别通过直径为304.8mm的海管进入中心平台，经过捕集器重力分离后与中心平台高含二氧化碳天然气汇集，一并进入压缩机组进行增压，增压后进入天然气过滤分离器过滤去除游离态的水和杂质，之后进入三甘醇接触塔与贫甘醇逆向接触脱去饱和态水，水露点合格的天然气通过长度105km、直径为558.8mm海管外输到东方终端。

（2）项目实施前存在的问题

东方1-1气田设置有3台索拉T70-C4022透平燃气压缩机组（编号分别为2510、2610、2710），可以单机运行，也可以任意2台机组串联、或者3台机组串联。由于压缩机组2710转速不能调高，最高只能调至94%，严重影响气田外输。在东方终端需气量大于$32\times10^4m^3/h$时，就必须启动3台压缩机串联运行。受气藏限制，3台机组串联外输最大气量也只能达到$34\times10^4m^3/h$。也就是当外输气量小于$32\times10^4m^3/h$情况下，2台压缩机组串联运行，当外输气量变化范围为（32～34）$\times10^4m^3/h$的情况下，就需启动3台压缩机串联运行，每小时仅仅多出$2\times10^4m^3$就要多开1台压缩机组，大大增加了燃料气的消耗。而且由于压缩机出口管线弯头太多，导致运行时管线振动很大，存在很大的安全隐患。

4.1.4.2 项目改造内容

项目改造内容包括两方面：

一是将压缩机出口管线进行取直优化，减小弯头引起的振动；二是修改压缩机2710参数，解决转速无法提高的问题。

（1）东方1-1气田透平压缩机出口管线改造

① 从16″管线弯头处至天然气过滤分离器CEP-V-2110A/B设备接口处，管线均需要拆除（图4-21），重新布局优化，并对附属管线进行改造。

② 两个12″关断阀组和预留新建F平台的16″球阀需要增加操作台（5900mm×7600mm），操作台离中层甲板高4518mm，操作台位置见图4-22。

③ 优化布局后的管线如图4-23所示。

④ 改造前后管线对比如图4-24所示。

图 4-21　部分需要拆除管线的现场布置图

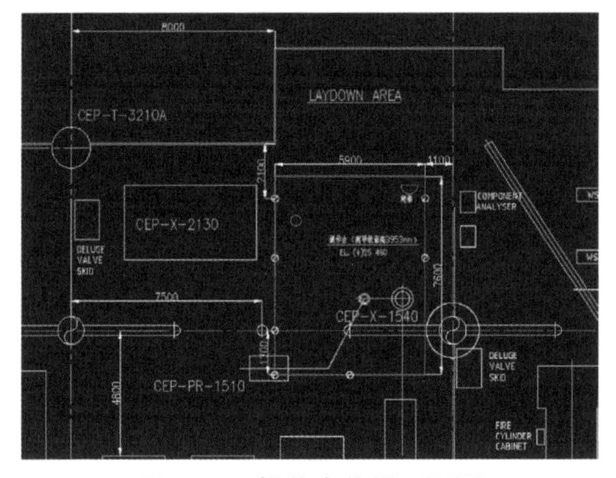

图 4-22　操作台位置平面图

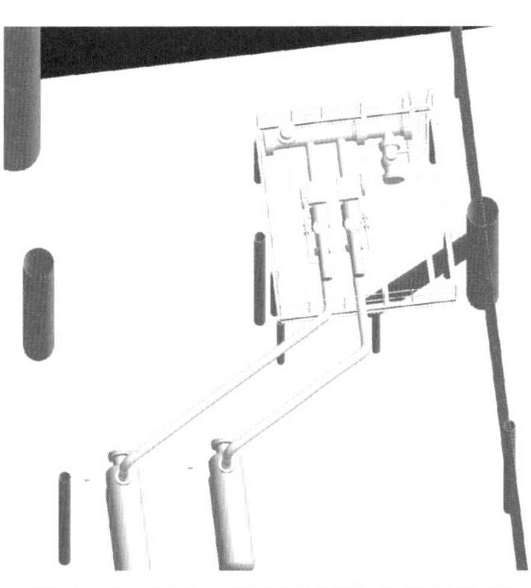

图 4-23　优化布局后的管线布置示意图

图 4-24　改造前后管线分布对比图

（2）修改压缩机 2710 参数，解决转速无法提高的问题

2013 年 2 月，动力部门员工通过机组历史数据分析，发现机组转速调至 94% 之后，机组燃料控制模式就由原来的 NGP_LOAD 模式自动切换至 FUEL_FLOW 模式，这样转速就无法继续调高。于是利用机组的 PLC 程序，经过 7 天的系统且繁杂的逆向计算分析，发现机组燃料系统的 PLC 参数设置不合理。这主要是因为燃料气的组分发生了变化，燃料气热值降低，导致在机组高速段燃料燃烧释放的热能不足以驱动机组获得更高的转速。征得厂家同意后，参数修改如下：

① KT_Gas_Fuel_K 由 1.5 改为 1.3017；

② KT_Gas_Fuel_R 由 300 改为 58.25（～ 91）；

③ KF_Gas_Flow_Sch_FGEN_Yn.Val 参数修改如图 4-25 所示。

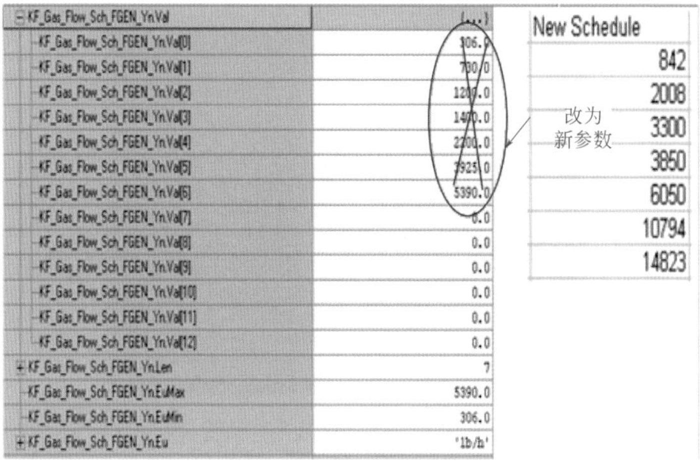

KF_Gas_Flow_Sch_FGEN_YnVal	{...}	New Schedule
KF_Gas_Flow_Sch_FGEN_YnVal[0]	306.0	842
KF_Gas_Flow_Sch_FGEN_YnVal[1]	730.0	2008
KF_Gas_Flow_Sch_FGEN_YnVal[2]	1200.0	3300
KF_Gas_Flow_Sch_FGEN_YnVal[3]	1400.0	3850
KF_Gas_Flow_Sch_FGEN_YnVal[4]	2200.0	6050
KF_Gas_Flow_Sch_FGEN_YnVal[5]	3925.0	10794
KF_Gas_Flow_Sch_FGEN_YnVal[6]	5390.0	14823
KF_Gas_Flow_Sch_FGEN_YnVal[7]	0.0	
KF_Gas_Flow_Sch_FGEN_YnVal[8]	0.0	
KF_Gas_Flow_Sch_FGEN_YnVal[9]	0.0	
KF_Gas_Flow_Sch_FGEN_YnVal[10]	0.0	
KF_Gas_Flow_Sch_FGEN_YnVal[11]	0.0	
KF_Gas_Flow_Sch_FGEN_YnVal[12]	0.0	
KF_Gas_Flow_Sch_FGEN_YnLen	7	
KF_Gas_Flow_Sch_FGEN_YnEuMax	5390.0	
KF_Gas_Flow_Sch_FGEN_YnEuMin	306.0	
KF_Gas_Flow_Sch_FGEN_YnEu	'1b/h'	

改为新参数

图 4-25　KF_Gas_Flow_Sch_FGEN_Yn.Val 参数修改前后对比图

按照燃料的实际特性，对相关参数进行修改，从而调整了机组的燃料控制系统，实现机组燃料流量控制的合理化。在启机测试之前，再次进行模拟计算，确保参数修改无误。启机测试中，机组转速可以继续提高，而且燃料控制模式没有变化，均为 NGP_LOAD 模式，限于气田生产条件，该机组的转速提高至 98% 带载运行正常稳定。

经过上述改造后，启动 2 台压缩机即可满足外输要求。这样既节省了燃料气消耗，消除了振动隐患，同时也确保了有备用的机组，保障了日常的维护保养。

4.1.4.3　项目效益分析

（1）项目改造前、后能源消耗情况

项目实施前，从 2012 年 8 月份开始，作业区需要开动 3 台压缩机以维持生产，但由于气田产量有限，3 台压缩机均未能在其最佳工作状态运行，导致输送天然气单耗较高；通过优化管线，减少了输送阻力，同时修改了压缩机参数，提高了压缩机转速，相应提高了其输送天然气的能力，实现了只开动 2 台压缩机便能完成正常输送气量任务的目的，降低了输送天然气单耗，因此能量的产生主要得益于压缩机系统输送天然气单耗的降低。

项目改造前、后天然气组分变化不大，改造前、后气体组分分析及相关参数见表 4-3。

表 4-3　项目改造前、后天然气组分分析及相关参数

天然气组分	改造前	改造后
CH_4 摩尔含量 /%	53.09	53.11
C_2H_6 摩尔含量 /%	0.56	0.55
C_3H_8 摩尔含量 /%	0.16	0.16
iC_4H_{10} 摩尔含量 /%	0.04	0.04
nC_4H_{10} 摩尔含量 /%	0.04	0.04
iC_5H_{12} 摩尔含量 /%	0.02	0.02
nC_5H_{12} 摩尔含量 /%	0.01	0.01
C_6+ 摩尔含量 /%	0.11	0.09
CO_2 摩尔含量 /%	29.76	30.11
N_2 摩尔含量 /%	16.21	15.85
低位热值 / (kJ/m^3)	19910.56	19882.8
折标系数 / ($kgce/m^3$)	0.679	0.678
密度 / (kg/m^3)	1.1894	1.1913

注：1. 天然气组分数据来源于东方 1-1 气田。

2. 低位热值、折标系数及密度的计算方法来源于《天然气发热量、密度、相对密度和沃泊指数的计算方法》(GB/T 11062—1998)。

结合表 4-3 数据，可计算项目改造前、后压缩机输运单耗，具体数值见表 4-4。

表 4-4　项目改造前、后单耗变化

状态	压缩机用气量 /kg	输气量 /10^4m^3	输气量单耗 / ($kgce/10^4m^3$)
改造前	22047997.9	101019.6	138.518
改造后	39417664.71	205300.5	121.527

注：压缩机用气量及输气量数据来源于东方 1-1 气田生产日报，因压缩机用气量计量仪表为质量流量计，因此表中压缩机用气量以质量 (kg) 为单位。

（2）项目节能量计算

结合表4-4中数据，项目节能量计算如下：

$$\Delta Eu=(Eu_0-Eu_1)\times M_1\div 1000$$
$$=(138.518-121.527)\times 205300.5\div 1000$$
$$=3488.15\text{（tce）}$$

式中 ΔEu——统计期项目节能量，tce；

Eu_0——项目实施前单位气体外输量综合能耗，$kgce/10^4m^3$；

Eu_1——项目实施后单位气体外输量综合能耗，$kgce/10^4m^3$；

M_1——统计期天然气外输量，10^4m^3；

1000——单位kg到t的转化系数。

东方1-1平台透平压缩机出口管线改造及透平压缩机调速系统升级改造项目实施后，压缩机组的工作模式由2台压缩机串联替代原来的3台压缩机串联，减少了压缩机的燃料消耗。项目实施后，统计期内（2013年3月28日至2013年12月31日）的节能量为3488.15tce，不仅具有明显的节能效益，而且消除了气田的安全隐患。

4.1.5 文昌13-1/2油田LPG蒸汽回流压缩机解体大修

4.1.5.1 项目背景

LPG蒸汽回流压缩机（型号：BlackmerHD942A天然气压缩机，以下简称压缩机）是文昌13-1/2油田LPG回收系统外输单元重点设备，肩负着外输结束后管线残留气体的回收任务。该压缩机曾频繁出现震动值偏高以及LPG蒸汽回收效率偏低的问题，导致LPG正常生产外输作业出现安全隐患。

该压缩机属美国进口设备，解决方法有四种：一是更换一套同型号压缩机，问题是压缩机成本非常高，与降本增效背道而驰；二是更换其他类型的压缩机，问题是对LPG系统现行工况存在不确定的影响；三是申请专业维修人员现场服务，问题是专业人员对压缩机实际工况缺乏了解，维修效果难以保证，同时维修费用高；四是油田组织团队技术力量开展自检自修，在锻炼队伍积累维修经验的同时，进一步节约维修成本。作业公司与油田现场通过充分的沟通讨论，并对专业技术进行摸底评估之后，做出了自检自修的决定。

油田自检自修压缩机面临的主要难点包括：一是现场维修技术人员对压缩机内部结构以及零部件了解不十分透彻；二是压缩机所有资料全部为英文，需要翻译理解；三是压缩机结构复杂，有接近300个零部件需要查找测量确认；四是压缩机的特殊部件需要制作专用工具；五是 LPG 外输作业时间周期紧迫，必须在短时间内完成。

4.1.5.2 项目实施

压缩机自检自修的具体思路是：作业公司提供压缩机维修所需的后备资源，作为维修工作的技术总支持。油田选拔精兵强将成立特别维修小组，利用团队智慧解决问题，为今后的大型设备维修积累更多的经验。具体的做法包括：

（1）成立技术攻关小组

自检自修是淬炼员工技术技能的好机会，鉴于此次压缩机维修任务的复杂性，油田成立以维修监督为组长、机械主操为副组长、机械班组中初级机修钳工为组员的专项技术攻关小组，全面开展压缩机解体大修工作。

（2）了解压缩机结构以及工作原理

攻关小组用 2 天时间深入阅读压缩机英文资料，并搜集该压缩机维修规程以及维修记录，仔细研读油田多年以来的压缩机维修案例，并针对压缩机的关键技术节点多次召开了专题讨论会。同时，攻关小组成员专门为解体大修设计加工了多个专用工具（如图 4-26 所示），以确保各项工作精准到位。

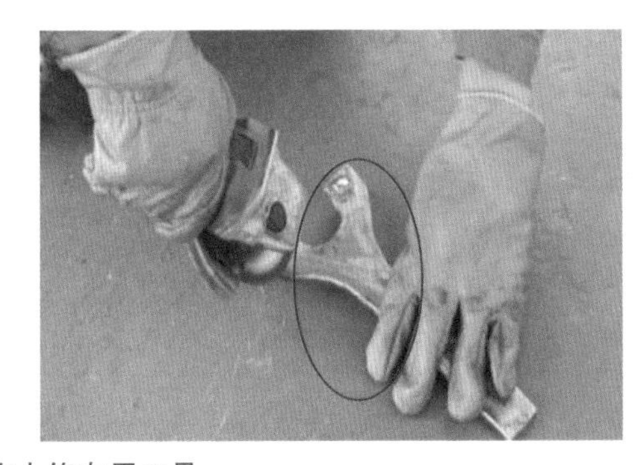

图 4-26 制作大修专用工具

（3）准备压缩机维修所需配件

为了提高压缩机解体大修的成功率，争取一次性解决问题，攻关小组根据压缩机备件清单资料，准确找到大修所需配件共计 49 项 111 套 300 个，这些配件一一经过测量确认达到使用要求。

（4）边拆解压缩机边测量，确保准确无误

由于压缩机原始资料没有提供完整的装配图，攻关小组需要根据压缩机零件以及装配图模拟拆装压缩机过程，集体分析可能遇到的问题，并根据压缩机现有配件尺寸，结合机械装配要求以及人员经验进行尺寸确认并记录。

（5）结合旧配件追根溯源，准确定位故障点

攻关小组充分利用压缩机旧配件，进行全部的观察与测量，召开现场研讨会，结合工作原理分析故障，确诊压缩机振动高故障点。如图4-27、图4-28所示，分别测量活塞杆圆跳动以及测量连杆大头轴瓦与曲轴轴径间隙。

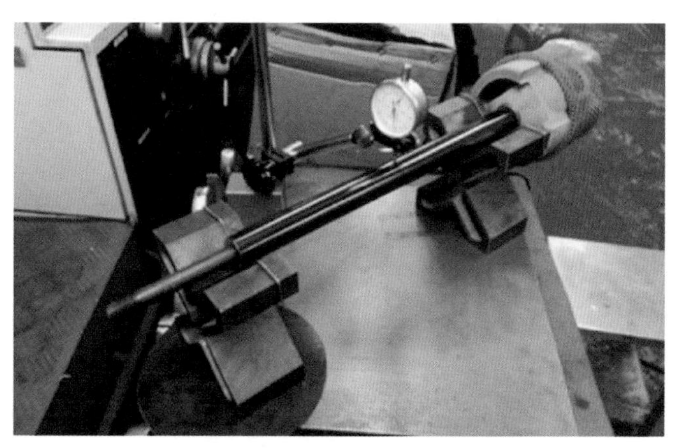

图 4-27　测量活塞杆圆跳动

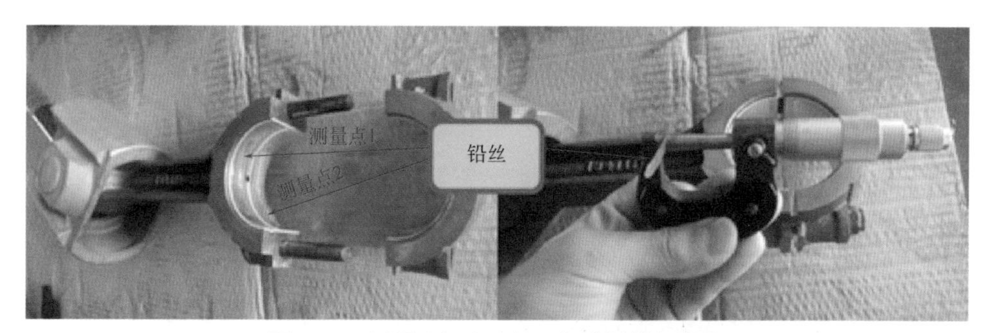

图 4-28　测量连杆大头轴瓦与曲轴轴径间隙

（6）精准预装压缩机部件

攻关小组按照预先制定的大修方案，将需要先行装配的零部件进行组装，为确保压缩机工况满足需求，部件组装尺寸要求十分苛刻，考验攻关小组的技术能力。攻关小组在装配过程中需要反复地演算，确保上百个零部件尺寸误差控制在 0.1mm 以内。

（7）回装压缩机

攻关小组根据前期的准备工作，对压缩机所有零部件进行有序的回装。按照大修方案要求除压缩机曲轴箱之外其余全部换新，整个解体大修过程耗时一周。

4.1.5.3 项目效果

检修压缩机运转工况良好，标志着压缩机解体重组成功完成，经过努力攻关小组最终成功攻克压缩机解体大修的重重难关，标志着油田已全面掌握该类型压缩机的维修重组技术。

通过此次压缩机维修重组，得到的启示是维修模式上的创新。以往的维修模式是遇到问题解决问题，再遇到问题再解决问题的“0-1-0、0-1-0”维修模式，这种模式是出现问题直接处理，没有进行详细研究、思考、规划、总结，同样问题以同样方式重复处理。而此次压缩机解体大修采用了“0-1-2、2-3-4”模式，该模式是遇到问题、思考问题、研究问题、举一反三推断问题，然后再解决问题，最后详细总结问题。以往维修作业的思路为节省时间快速解决故障，“0-1-0、0-1-0”模式往往在第一次维修时较“0-1-2、2-3-4”模式用时短，但是长此以往，“0-1-2、2-3-4”模式积累的经验将会在后续相似故障维修时思路更活、效率更高。

此次大型设备维修工作的成功完成，通过以修代换策略，节约的不仅仅是成本，增长的也不仅仅是效益，而是借助自检自修的机会摸索出符合油田生产维修的正确模式，快速提高队伍技术技能水平，让自检自修成为油田的一种“新常态”，降本增效自然水到渠成。

4.1.6 注气压缩机故障分析与解决措施研究

4.1.6.1 项目背景

涠洲 12-1 油田注气压缩机 2007 年投用，向地层注气 2 亿余立方米，增油近 100 万立方米。注气压缩机投用之初，曾经设备故障频发，每年运转时效不超过 50%，严重影响注气和 WZ6-1 平台气举生产。通过一系列的故障分析，提出各种解决措施，将故障一一解决，提高了注气压缩机的运行时效，目前注气压缩机的运转时效提高到 91%，连续三年运行时效保持在 90% 以上。

经过近几年不断探索和研究，机组逐渐趋于平稳，注气压缩机的月保养也变得常态化，以往注气压缩机是单台设备，月度保养基本停不下来，只安排一次停产进行维修，且维修时间紧，工作量大，机组得不到有效的维保。作为 WZ6-1 平台气举生产和注气开发关键核心设备，不仅要用好，也要保护好。后期通过新增流程和气举压缩机设备，实现了一用一备，虽然备用机组排量小，但可以满足最低生产要求，注气压缩机可以得到充分有效保养。

注气压缩机不仅故障多样化，且发生频率大，维修人员对机组从陌生到了解，从了解到熟悉，从熟悉到精专，通过结构加强和缓冲节、润滑油注油系统微流开关升级改造，自主加工密封环等一系列措施，压缩机的问题一个个被攻关解决，使得注气压缩机气举和注气开发的应用技术越来越成熟。

4.1.6.2 项目实施

（1）注油流量开关关停原因及解决措施

① 流量开关分类　流量开关主要是在水、气、油等介质管路中在线或者插入式安装，在流量高于或者低于某一个值的时候触发开关输出报警信号，系统获取信号后即可作出相应的执行单元动作。从原理上流量开关可分机械式流量开关和电子式流量开关，机械式原理的有挡片式、挡板式、叶轮式、活塞式、浮球式等，电子式原理的有热导式、热流量式、电磁式、超声波式等。

② 流量开关工作原理

a. 挡板式流量开关原理　通过液体的流动，推动挡板偏转，然后触动微动开关动作。这种机械式的流量开关，优点是使用方便，价格便宜成本低；缺点是机械式结构，挡板偏转机械传输部分易受管道介质磨损，耐压能力和可靠性较低，且在流体流动紊乱时不畅通的情况下，动作不稳定。

b. 热式流量开关的原理　在管路中安装热传感器，介质流通时会带走热量，热传感器通过电路转换输出信号值变化，通过变化输出开关信号。

液体流动（流量）的大小不同，带走的热量不同，通过检测热量损失的大小，就可以检测出液体的流动情况。感热传感器将温差信号转化成电信号，再经过电路转换为对应的接点信号或模拟量信号。这种流量开关的优点是没有可动部件，不存在磨损的情况，大大增强其寿命和稳定性，缺点是价格比机械式的稍贵。

c. 活塞式流量开关的原理　活塞式流量开关（图 4-29）壳体内部的流体通道上有一个内部装有永久磁铁的活塞。当活塞被液流所引起的压力差推动时，磁性活塞便会使设备内部的密封簧片开关动作，活塞的直径决定了启动流量。当液流减少时，不锈钢弹簧会推动活塞复位。簧片开关被开动后，可远传报警或指示，或者可以将其集成在自动控制系统里。给流量开关设定上限或者下限，当流量达到此次限定值时，流量开关发出信号或报警，系统将运行或停止。系统不同，流量开关型号不同，使用的地方也不同，要根据具体情况而定，涠洲 12-1 油田燃气压缩机，注气压缩机流量开关使用的是活塞式流量开关。

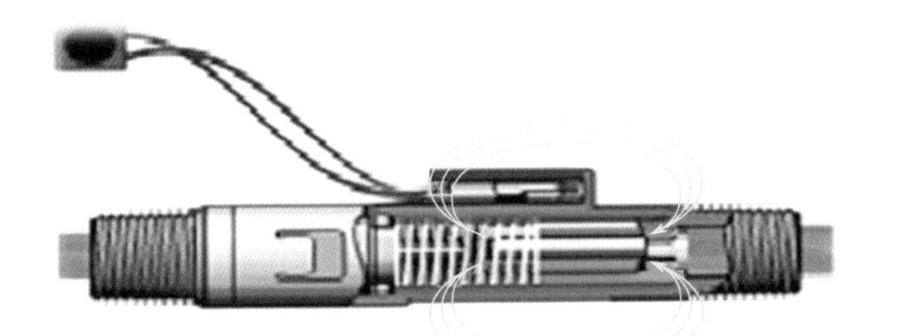

图 4-29　活塞式流量开关示意图

③ 注气压缩注油流量开关关停原因　注气压缩机的滑油流量开关为活塞式，型号为 DNFT-PRG，安装在滑油分配器上，滑油分配器有一级和二级分配块 2 套，每套 4 个分配柱塞，8 个分配口，4 个柱塞可以循环换向，通过滑油压力推动 4 个柱塞交替伸缩，将滑油注入 8 个分配口进入机组。滑油分配块只要一个柱塞来回伸缩，就一定有滑油从分配块中被分配出去，因为只要有一个柱塞伸缩，其余 3 个柱塞也一定会伸缩，否则就停止分配滑油了。流量开关通过检测柱塞是否伸缩来判断是否有滑油经过分配。其工作原理为：在第一个活塞一边上安装了一个磁柱，被一个不锈钢外壳封装在内，活塞推动磁柱，然后活塞回缩时，磁柱被弹簧推回。在不锈钢外壳上有一个磁性检测倒计时开关，可以设定时间，比如设定 90s，当 90s 内磁柱被推过去，其感应到就开始重新从 0 计时，否则输出即断开，报警关停机组。多次反复造成机组停机就是此开关内部电子元器件故障，出现输出闪烁性断开，但是 PLC 能检测到毫秒级的断开而导致机组关停，主要是电子元器件开关闪烁性断开和内部弹簧断裂、接线松动等情况所致，机组实际润滑系统良好，只是检测开关故障。

④ 解决措施　建立综合性检测保护系统，改造前滑油微流量检测属于间接检测方式，方式唯一。改进方案是增加直接检测方式和建立滑油压力周期监测；其次，在滑油主管线上增加滑油微流量开关，将此开关信号接入控制系统，其动作会引起报警，其与原开关一起报警时，机组关停；此外，在滑油主管线上增加滑油压力连续检测变送器，将滑油压力的波动送入控制系统进行周期检测，设定一个周期内，滑油高低压差值在一个经验值左右，否则报警，在中控室监控系统中增加滑油压力历史检测曲线可远程检测滑油压力。通过这些简单改造后机组流量开关关停故障得到彻底解决。

（2）注气压缩机一级气缸高温故障原因及解决措施

① 一级气缸高温维修节点及原因　2012 年 12 月，完成注气压缩机年度解体大修后，启动机组运转正常；2013 年 4 月，一级 1-2 气缸外侧

进气阀、排气阀高出内侧正常温度20℃；2013年6月，一级1-1气缸外侧排气阀、进气阀开始出现轻微高温故障；2013年6月，一级1-1活塞环磨损，1-1气缸拉缸停机，修复后仍然存在高温故障；2013年10月，完成注气压缩机年度解体检修，更换1-1、1-2、2-1、2-2气缸活塞杆、气封、连杆瓦、主轴瓦、活塞环以及所有气封，试机运转1-1、1-2外侧温度依然偏高；2013年11月，对机组停机进行72h检查，1-1活塞杆和气封严重拉毛；2013年11月，厂家人员协助拆除1-1气缸活塞、气封，分析活塞杆主要磨损情况；2014年1月，通过在线监测系统发现检测数据异常，2-2活塞杆、气封磨损，更换1-1、2-2进口活塞组件、气封，同时更换1-1外侧原装进排气阀、调整减小外侧余隙0.20mm，试机运转1-1、1-2外侧温度还是偏高；2014年3月，利用大修时间，将容量调节阀余隙缸密封环拆出，替换为自主测量加工的聚四氟密封环进行试验，机组高温问题彻底解决。

根据检查、分析，频繁造成压缩机活塞杆、气封填料拉伤、磨损偏快的原因不是气缸排气温度高和缺少润滑，一级气缸排气温度高的直接原因是容量调节阀余隙缸磨损，活塞环安装尺寸超出要求，密封环漏气造成内部气体反复进入一级气缸循环压缩。

② 逐一排除影响机组排气温度的因素　根据机组现场工况及其拆检过程中发现的故障现象，逐一进行故障分析和排除：

a. 将气缸外侧余隙由原来的2.20mm，减小到2.0mm，对温度影响不大，但是气缸余隙侧排气温度还是偏高，排除余隙尺寸问题引起。

b. 调整容量调节阀余隙缸，余隙缸行程由原来的20mm缩小到10mm，温差仍然存在，且有上涨趋势，重新调回原始点，检查测试容量调节阀上端泄压口，试压时未见气体漏出，排除容量调节阀余隙问题引起。

c. 用柴油对所有进排气阀进行检查，均不漏，且气阀密封垫片是全新的，气阀进行过更换、内外互换等均未能解决问题，排除气阀引起故障。

d. 将外侧贺尔碧格进排气阀，更换为原装进口，未能消除故障，排除国产气阀问题。

e. 检查进排气管通道，未发现进排气管堵塞或者结垢问题，排除进排气管线问题引起。

f. 将气缸注油润滑系统全部进行检查，一级注油量为11s每周期，二级16s每周期，与C文件要求基本一致。经换算，一级气缸约为30滴/min，填料盒约为11滴/min，二级气缸约34滴/min，填料盒约28滴/min，排出润滑系统造成高温故障。

③ 其他原因排查　压缩机一级1-1气缸有过磨损，如图4-30所示，

活塞环在运行至磨损部位时，气缸润滑油无法在正确位置进行润滑，导致局部温度高，形成温差。根据整体式缸套的技术要求，内壁缸套磨损0.30mm，对压缩机的运行影响很小，基本可以排除气缸磨损造成的高温故障。经过分析，以上问题在维修过程中逐步排除各种因素后，主要原因确定为1-1、1-2气缸内有漏气现象，有气体回到气缸反复压缩，造成外侧气缸温度高。

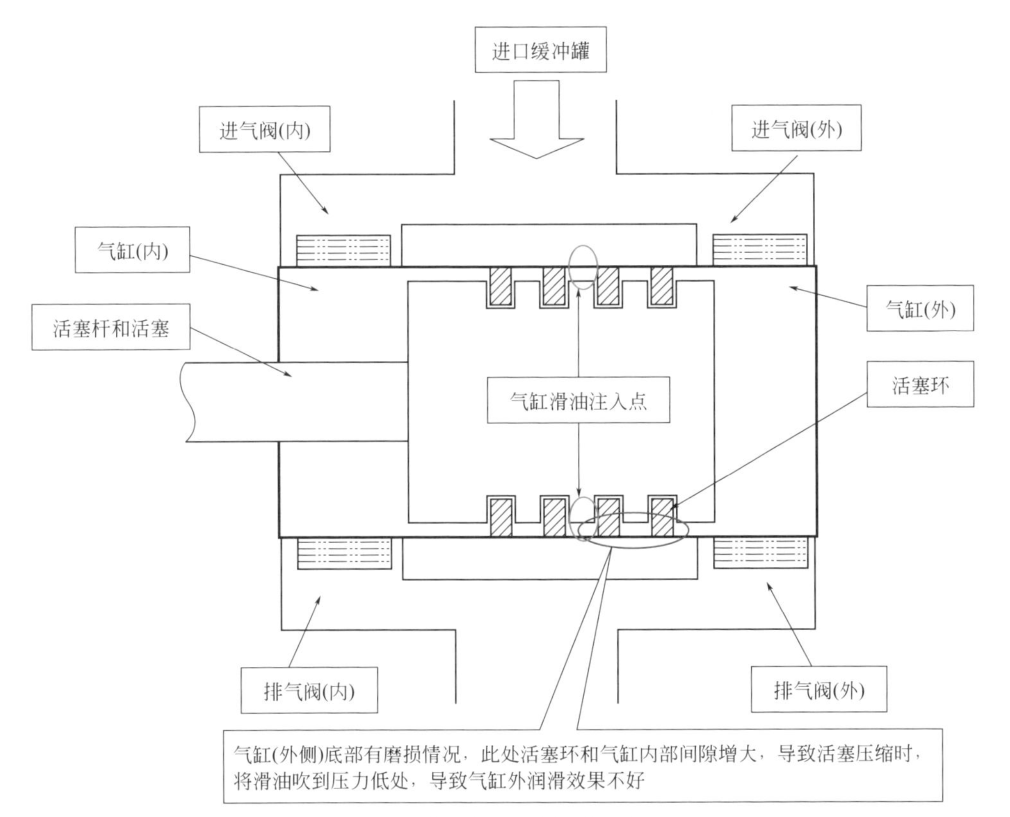

图4-30　气缸润滑示意图

④ 一级气缸高温故障产生的实际原因　对注气压缩机停机进行720h保养，拆检一级气缸容量调节阀，容量调节阀余隙活塞环有轻微磨损，为石墨材质，余隙缸内壁磨损超差，配合径向尺寸超出C文件标准。气缸在进行压缩时，有部分高压气体经密封不严的余隙活塞环渗漏到容量调节阀内部，通过回流口回到压缩机进口进行反复压缩，导致外侧排气温度高。

⑤ 解决措施　由于容量调节阀余隙缸内壁有轻微磨损，更换新的活塞环，仍然存在高温故障，起初计划更换余隙活塞缸和活塞环来解决问题，通过利用一次停产检修的机会，尝试加工一个聚四氟乙烯密封环

（表 4-5 为其特性参数）进行试验。经过计算，结合聚四氟乙烯的材料特性参数，自主加工一个聚四氟乙烯圆密封环：外径为 120mm，径向高度为 15mm，环高 6mm，自由开口尺寸为 1mm，活塞环与余隙缸配合间隙为 0.15mm。聚四氟乙烯能够耐 260℃的高温，气缸最高极限温度 140℃，满足使用条件。首先将一级 1 号气缸容量调节阀余隙活塞环替换为新加工的聚四氟乙烯密封环进行测试，经过 7 天的试验运行，效果显著，排气温度明显下降（表 4-6），且其他生产工艺参数不变，设备稳定。试验完成后，另外一个气缸也使用同样方法处理。

表 4-5　聚四氟乙烯特性参数

密度 /（g/cm^3）	2.1 ~ 2.3	摩擦系数	0.04
弯曲强度 /MPa	11 ~ 14	使用温度 /℃	-180 ~ 260
拉伸强度 /MPa	21 ~ 28	熔融温度 /℃	325

表 4-6　试验参数

试验参数	安装试验前		安装试验后	
温度	1 号气缸（前）	2 号气缸（前）	1 号气缸（后）	2 号气缸（后）
进气阀（内）	37℃	36℃	40℃	39℃
进气阀（外）	48℃（高）	46℃（高）	39℃（正常）	40℃（正常）
排气阀（内）	87℃	87℃	95℃	95℃
排气阀（外）	115℃（高）	116℃（高）	97℃（正常）	96℃（正常）

（3）结构振动故障原因及措施

① 结构振动原因

a. 结构设计不合理　对机组振动进行分析，机组振动属于正常范围，频繁导致机组撬块振动移位拉裂排烟管停机是结构设计不合理所致。机组撬块顶部有近 3t 的风冷器，由 6 个垂直工字钢立柱支撑，中间未设置加强筋和固定支撑，且发动机固定在底座，排烟管固定在顶部平台结构上。平台受大风影响晃动或者运行吊机设备时，结构不牢固，存在共振现象，上部结构和下部结构不稳，水平位移高达 50mm，拉裂排烟管。

b. 排烟管设计不合理　排烟管和机组连接，本属于振动体，采用薄壁高温硬管连接，没有考虑应力释放和振动消除因数，导致振动时，容易出现应力集中拉裂。

② 解决措施　在结构上加桁架进行加强固定，采用 4 面增加十字斜撑结构，让上部模块和下部模块融为一体更稳固；另外将排烟管增加一段缓冲膨胀节，减少振动位移带来的应力损伤和振动引起的应力集中，

经过几年的实际运行试验，基本解决振动伤害。

4.1.6.3 项目效果

该项目的效果和启示如下：

① 通过不断地摸索和研究，找出注气压缩机存在高温故障的根本原因，自主试验、加工一个余隙缸活塞环，彻底解决了高温故障，提高注气时效，对涠洲 6-1 油田气举生产提供有效的高压气源，保证涠洲 6-1 油田日产 500m³ 原油正常生产。

② 分析现有润滑油流量监测开关存在的弊端，利用比较成熟的监测关断方法，将两者进行综合评价分析，通过自主改进升级流量开关，新增注油系统实时监测记录曲线，解决了注气压缩机以往 60% 停机率，且为后期维护提供数据依据。

③ 改变维修思路，勤于探索，勇于创新和尝试，自主技术攻关加工匹配余隙缸活塞环，节省维修费用近 100 万元。

④ 余隙缸和余隙活塞环的尺寸通过实际测量确定参数，计算预期的间隙，得出活塞环的加工零件参数和活塞环开口尺寸，合理控制车床加工精度，通过开口尺寸进行调整。

⑤ 分析注气压缩机往年维修经验和停机原因，研究根本原因，思考解决方法，逐一进行治理，提高注气压缩机运转时效至 91%。

4.2 燃气轮机驱动发电机良好作业实践

4.2.1 海上气田温控阀改造良好实践

4.2.1.1 项目背景

东方 1-1 气田两台燃气轮机发电机组自投用以来，出现过几次滑油温度高报警现象，也出现过滑油温度高关停现象。通过更换滑油温控阀备件，也没能解决问题。最终气田组织员工对现有的温控阀进行改造，并对滑油流程进行改进，彻底解决了滑油温度高的问题。

4.2.1.2 问题提出及原因分析

（1）透平发电机滑油系统出现的问题

① 2009 年 9 月透平发电机 B 机因为滑油温度高机组关停。

② 2010年5月透平发电机A机因为滑油温度高机组关停。

③ 2009年9月更换透平机组润滑油后，在其他条件基本不变的情况下，两台机组运行时滑油温度上升2～4℃不等。

（2）原因分析

2010年5月再启发电机A机，空载，滑油温度半小时内升到66.8℃（这个过程中对滑油冷却器回流管线检查，发现温度一直较低，可以判断滑油的温控阀没有打开）之后，马上又降回61.8℃，这个时候检查冷却器回流管线，温度开始上升。带上全平台负载后，滑油温度升到62℃左右。

之后，启发电机B机测试，空载半小时后，滑油温度一直升到67.3℃（冷却器回流管线温度低，温控阀未打开）。40min后，滑油温度突然降到61℃左右。

从以上两次启机测试初步分析，判定温控阀可能存在阀芯动作不灵敏、卡死现象，致使阀芯打开延时。

针对以上问题，气田采用了清洗滑油冷却器、更换透平机组机撬通风风机轴承、调节机撬通风量、加装滑油冷却器回流管线、更换新的滑油温控阀等措施，以上问题依然存在。最后，气田对温控阀进行自行改造及加装温控阀旁通管线，彻底解决了滑油温度高的问题。

4.2.1.3 项目创新技术

（1）温控阀改造

在温控阀的阀芯上面钻四个对称的直径5mm的小孔，如图4-31所示。此改造即相当于给温控阀一个预开度，在阀芯没有打开时，让冷却器回来的滑油不被挡在阀芯外，可以部分进入用户，使滑油温度不会太高。

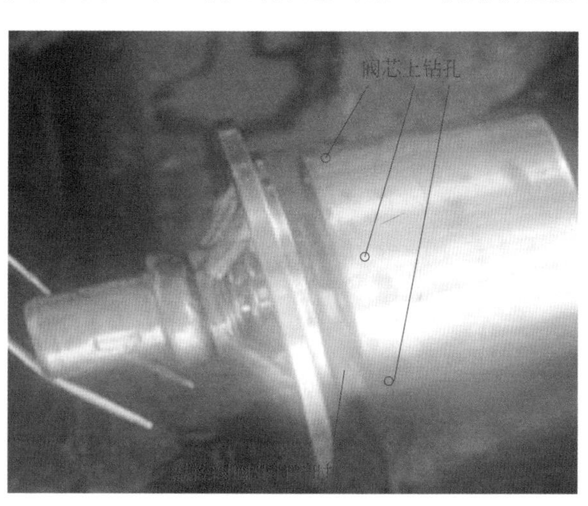

图4-31 温控阀改造示意图

（2）加装温控阀旁通管线

如图 4-32 所示，加装温控阀旁通管线，让冷却回来的滑油，直接进入用户。

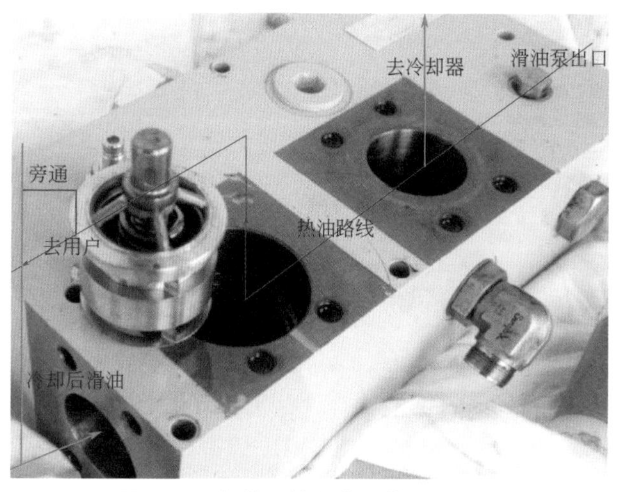

图 4-32　加装温控阀旁通管线示意图

旁通管线上加装隔离阀，在不需要的时候或者温控阀阀芯打开后，就可以关闭旁通线路。也可以在滑油温度突然增加的情况下，打开隔离阀，让滑油温度降下来，避免机组紧急关停。

4.2.1.4　项目实施效果

经过改造以后，有效避免了机组启动后运行初期温控阀阀芯打不开导致机组关停现象的发生，同时，机组运行时滑油温度也较之前降低 2 ～ 4℃，保持在 60 ～ 61℃之间。

此次改造，进一步提高了气田透平发电机组运行的稳定性，为气田平稳生产奠定了更为坚实的基础。

4.2.2　海洋石油 116 燃气轮机 T5 温度不均匀故障检修实践

4.2.2.1　项目背景

文昌油田群作业公司海洋石油 116 使用卡特彼勒索拉 T70 透平发电机组，三台透平发电机两用一备为整个油田提供电力供应，透平装设有 T5 探头并以此作为表征燃烧室的温度参考，每台机组配备十二个 T5 探头，当出现三个以上的探头报警时表明燃烧室燃烧不均匀，将引起机组关停，会导致油田脱扣甚至停产。2014 年 7 月 17 日，动力工监控透平运行参数时发现透平 B 机组 T5 温度出现不均现象，并有加剧的趋势，其中 TC6、TC8、TC9 三个探头温度较低。

由于透平 C 机 CGCM 故障无法使用，未对 B 机进行处理，继续对 B 机观察。7 月 20 日，透平 B 机 T5 温度不均继续加剧，到出现 AL_T5_TC_FAIL 报警，动力操作人员立即向中控汇报，并退出 B 机带载，在随后的机组转油测试中，转油后的 T5 温度均匀，显示正常，随后停透平 B 机。

停机后随即针对 T5 温度异常可能的故障原因进行了分析，确定可能出现故障的环节分别为探头、燃气管线、透平燃烧室喷嘴。在逐项排查之后基本排除了探头和燃气管线故障的可能性，随即拆卸对应的喷嘴并尝试进行清洗清洁，回装之后 T5 温度异常有所改善，由此判断故障原因在于喷嘴堵塞。拆卸喷嘴进行二次清洗。由于此前没有喷嘴的清洗清洁经验，送陆地清洗维修作业费用较高，加上暂时没有新的喷嘴可更换，便积极探索喷嘴的清洗最佳方案。经过一番尝试，利用铁丝疏通、超声波清洁，喷嘴得到较好的清洁，回装测试 T5 异常故障得到解决，机组带载运行稳定。此次不仅解决了 T5 温度异常的问题，同时有效地探索摸索出一套较为科学高效的喷嘴清洗方法，为油田节省了一大笔维修费用。

4.2.2.2 项目实施

（1）故障分析

作为燃烧室温度的表征参考值，T5 探头所测得的透平 T5 温度是二级动叶和三级动叶之间的高温燃气温度，共有 12 个监测点，均匀分布在一个圆周面上。根据故障排查分析，带载燃气运行时 T5 温度异常而转油测试则显示恢复正常水平，T5 温度不均的可能原因有：① T5 温度检测热电偶故障；②燃气系统管线堵塞，造成喷嘴供气不均匀；③喷嘴损坏或堵塞，造成燃烧不均匀。

（2）分析检查

① T5 温度热电偶检查　透平在使用天然气作为燃料运行时，多个 T5 温度较低，而使用柴油作为燃料时，T5 温度较均匀，停机后 T5 温度均匀，所以 T5 温度探头故障基本可以排除。

② 对燃料系统进行检查　对天然气管线进行拆卸检查（图 4-33），未发现堵塞。对燃料控制阀进行检查（图 4-34），未见结垢堵塞。

对透平天然气过滤器进行拆卸检查，A 机的滤芯较脏，表面含有泥状物质，内部发现有积水（如图 4-35 和图 4-36 所示）。对过滤器进行清洁，更换三台透平燃气过滤器。

透平发电机 B 机天然气过滤器内有积水，滤芯非常脏，含有油泥状物质（如图 4-37 和图 4-38 所示）。

图 4-33　燃气管线检查

图 4-34　燃气阀检查

图 4-35　A 机天然气过滤器内部

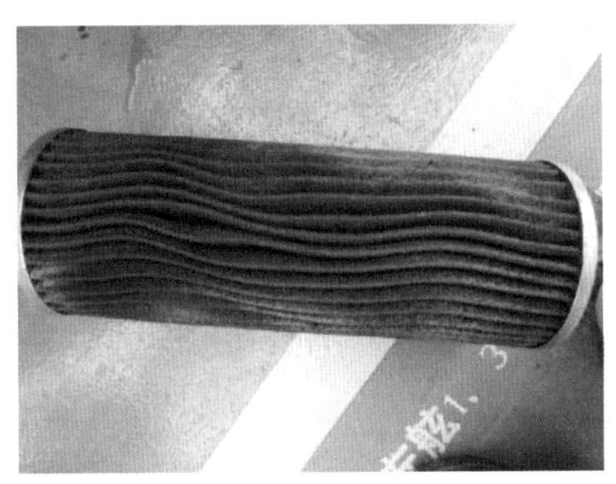

图 4-36　A 机天然气滤芯

图 4-37　B 机天然气过滤器内部

图 4-38　B 机天然气滤芯

透平发电机 C 机检修周期内较少使用，拆检发现透平 C 机天然气滤芯内壁有少量水，滤芯较干净（如图 4-39 和图 4-40 所示）。

③ 透平喷嘴检查　对 12 个喷嘴进行拆卸检查。检查发现 4 个喷嘴有问题，1#、10# 喷嘴破损（图 4-41），4#（图 4-42）、7#（图 4-43）喷嘴变形、积炭堵塞，另外 8#（图 4-44）喷嘴有一定的堵塞。

图 4-39　C 机天然气过滤器内部

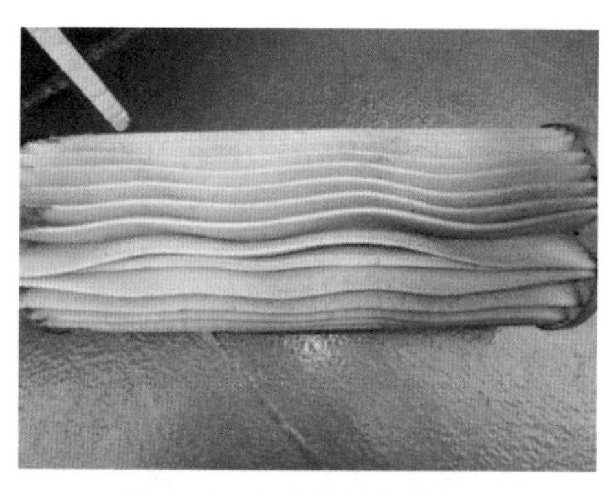

图 4-40　C 机天然气滤芯

图 4-41　1#、10# 喷嘴

图 4-42　4# 喷嘴

图 4-43　7# 喷嘴

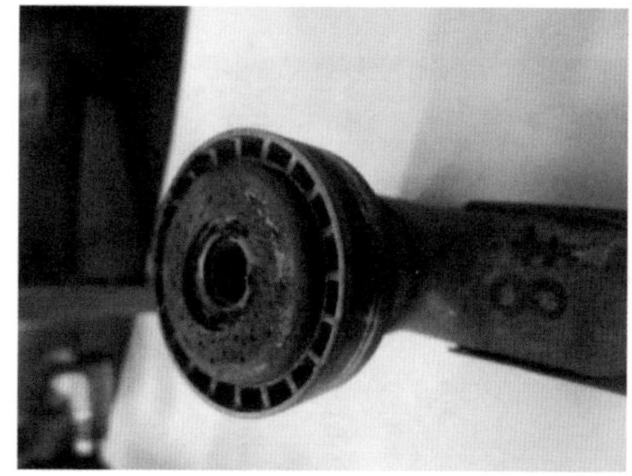

图 4-44　8# 喷嘴

更换 3 个喷嘴（1#、7#、10#），对其余喷嘴使用航空煤油浸泡清洗，浸泡约 2h 后清洗回装启机测试，使用天然气时 T5 温度低的问题有所改善，但依旧存在，其中 TC2、TC6、TC10 温度较低，用油时温度均匀。

清洗有一定的效果，但喷嘴燃气流道内还是有堵塞，使用航空煤油浸泡无法将堵塞物完全溶解。重新拆下透平 B 机喷嘴，准备进行再清洗，由于喷嘴进气口比较狭小，对于细微的颗粒和附着物无法彻底清洗，尝试使用超声波清洗仪进行彻底清洗，清洗出一些颗粒和结垢物质（图 4-45）。

图 4-45　使用超声波清洗仪清洗前和清洗后

清洗后回装喷嘴，使用天然气启动透平 B 机空载测试，T5 温度均匀，空载运行 20min 后，带载 1500kW 测试，T5 温度出现不均现象，并且随着负荷的增加，T5 温度不均现象加剧；带载 1800kW，其中 T5 平均温度约为 515℃，TC6 最低为 410℃，与 T5 平均相差 105℃；TC5 为 455℃，TC9 为 460℃，TC5 和 TC9 与平均温度相差约 60℃，还在正常范围内；但随着使用时间的加长，有上升的趋势，并随着负载增加，温差会进一步加大。

（3）总结故障原因，制定解决方案

通过这两次的清洗，总结出透平 T5 温度不均是由喷嘴堵塞造成的。之前的两种清洗方法，虽然有一定的效果，但不能彻底地清除喷嘴堵塞物。然而目前对于透平的清洗清洁没有任何的历史经验，也没有专项操作维修方面的技术支持，为了更好地找到清洗办法，了解喷嘴内部结构以及流道情况，考虑对损坏的喷嘴进行切割学习研究（如图 4-46、图 4-47 所示），依靠摸索找出相应的解决方案。

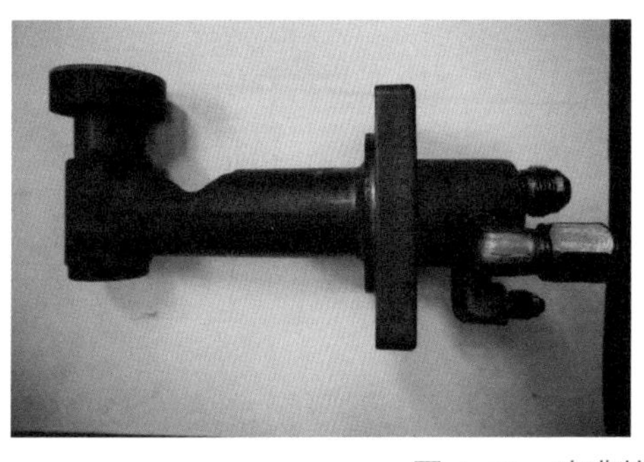

图 4-46　喷嘴整体和分段切割部分

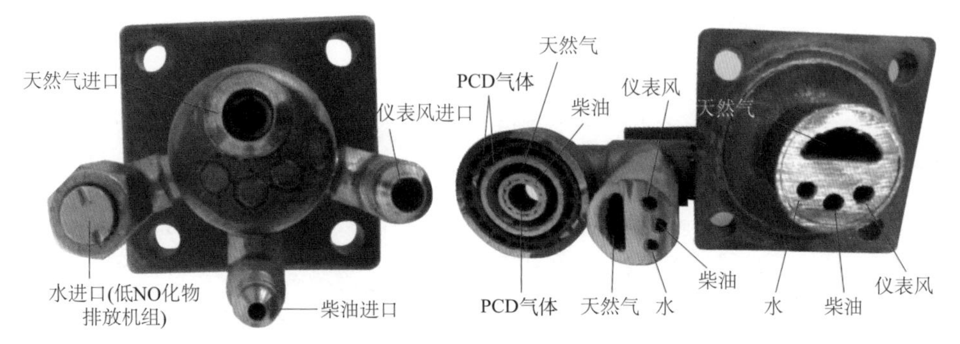

图 4-47　喷嘴尾部流体进口和喷嘴切开后各流道结构

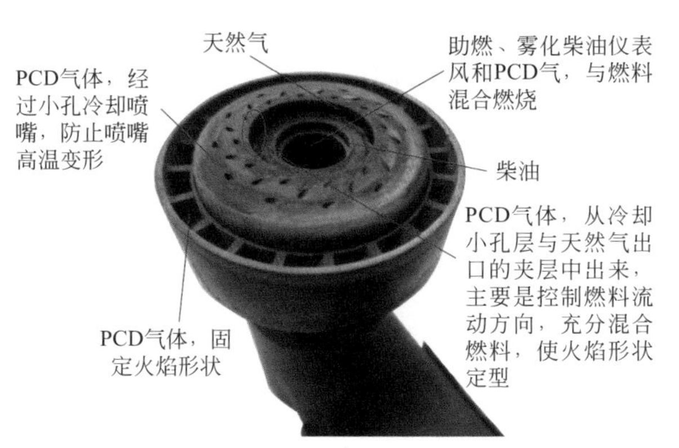

图 4-48　喷嘴头部结构

喷嘴尾部有 4 个流体进口，分别是天然气、仪表风、柴油、水。四个流道都是相互独立的，其中天然气流道较大，呈圆弧形。燃料从喷嘴头部的流道（如图 4-48 所示）喷出，与压缩空气混合燃烧，并形成稳定的火焰形状。同时，PCD 气体通过冷却小孔对喷嘴进行冷却。从切割的喷嘴中发现，天然气流道内有一定的堵塞。损坏的喷嘴的天然气出口小孔以及 PCD 冷却喷嘴的小孔也有不同程度的堵塞。

油田使用透平水洗液对堵塞喷嘴浸泡 6h（透平水洗液用于透平水洗，可有效除去压气机叶片上的结垢物质），再用超声波清洗仪对喷嘴清洗，清洗完毕后，使用细铁丝对燃气流道进行疏通，清洗出较多颗粒和结垢物质。

清洗后，回装喷嘴。使用天然气启机，进行空载、带载测试，T5 温度均匀正常。机组运行至今，T5 温度均匀，未出现 T5 温度低情况，透平 T5 温度不均故障得到成功解决。

经过这次喷嘴的解剖研究以及重新清洗清洁之后，喷嘴的积垢清洁得到彻底的解决，在解决 T5 温度不均匀故障的同时也进一步对喷嘴的内部结构有了一个全新的认识和学习，同时通过对内部结构的剖析研究分析出结构堵塞的环节的详细特征，并结合现场所具备的设施条件，对喷嘴进行全方位的清洁，摸索出一套高效的喷嘴清洗方案，对于透平的维护保养工作具有重大意义。

4.2.2.3 项目效果

经过对喷嘴的彻底的清洗，透平机组 T5 温度异常的故障完全解决，机组运行稳定，在很长一段时间内不再出现此故障。同时，积累了 T5 温度探头故障解决的经验，深入学习研究了透平机组喷嘴的结构原理，并在此基础上研究探索出一套高效的喷嘴清洗方案，在有效提高故障处理效率的同时也节约了大笔的维修保养费用，在降本增效的实践上具有切实的重要意义。

同时在故障解决的过程中，收获了以下启示：

① 此次透平 B 机 T5 温度不均是由于喷嘴损坏和堵塞，造成喷嘴燃料供应不足和燃烧不均匀造成。

② 喷嘴堵塞是由于天然气内含液体和杂质，在高温作用下结垢堵塞喷嘴，故障解决后油田对天然气处理系统进行了检查，发现天然气处理系统中的燃气过滤器自动排液阀堵塞，无法自动排液，对该阀进行了清理检修。

③ 通过透平水洗液浸泡、超声波清洗，再对喷嘴流道进行疏通，可有效解决海洋石油 116 透平喷嘴堵塞问题，解决了透平 T5 温度不均故障，使关键设备恢复正常可用状态，确保油田稳定供电。

4.2.3 透平发电机自主调试实践

4.2.3.1 项目背景

文昌 13-1/2 油田“南海奋进”FPSO 上三台西门子透平发电机组投用超过十年，由于技术不断发展，机组所采用的 MK2 控制系统逐渐落后，系统控制卡件逐步停产或断供，机组后期维护所需的备件将难以保证。为确保透平机组能够获得稳定备件供应以及良好服务，确保机组安全运行，需要对机组控制系统进行更新换代。

2014 年 FPSO 坞修期间，油田顺利完成了 3 台透平发电机组控制系统整体升级工作，由于是进口设备以及技术垄断因素，升级调试工作均由西门子厂家工程师完成，受厂家供货周期及工程师动员调配因素影响。FPSO 在完成既定坞修任务出坞返航时，厂家工程师遗留 1 台透平发电机组燃油模式调试、3 台透平发电机组燃气模式以及 3 台透平机发电机组整体负荷测试等重要工作没有完成。这将导致油田复产只能使用2台透平机组柴油模式发电的被动状态，每天不仅消耗50m^{3}柴油，还要耗费大量的备件，带来极大的资源消耗。

如何能够突破国外厂家的技术壁垒，利用油田现有的技术力量，尽快实现最后1台透平发电机机组燃油工作模式，实现降本增效的目标，确保油田的正常生产安全，是油田亟需解决的课题。

4.2.3.2 项目思路与实施

摆在油田面前的有两条路：一是等待厂家工程师现场调试，代价是消耗更多的柴油，不符合公司节能减排宗旨；二是利用油田现有的技术力量自主调试，风险是如果自主调试出现异常情况，导致机组两年的质保失效。在湛江分公司所辖油田没有自主调试透平发电机机组的先例，万一调试过程出现意想不到的情况，将导致透平机组损坏不能使用，直接威胁到油田的正常生产，影响非同一般。

面对困境，作业公司与生产部动力室联合组织油田动力技术人员召开研讨会，经过对现场设备运行数据分析以及专业技术评估后，作业公司做出了利用油田现有的技术力量自主调试的决定，降本增效。

油田动力人员与生产部动力室人员组成的技术攻关团队，通过查阅大量的英文资料熟悉设备改造后的每一个部件的性能作用，确认每一条电缆的接线正确，落实调试前每一个部件测试的具体方案，确保所有功能测试动作准确，同时逐步排查处理调试过程出现的各种设备故障。

在调试前夕，技术攻关团队成功完成了排除透平机组BLOW阀动作故障、VGV控制故障、点火困难、加速TOP温度高故障和ECU燃油控制效验、燃气控制效验以及控制参数调整优化等一系列工作。通过技术讨论、控制程序分析、运行数据调整等有效举措，机组顺利完成点火调试，透平机组的运行参数调整完善、机组保护功能测试合格、改造后的发电机首次投用正常、VCB开关闭合测试通过、机组的并网及负载分配等相继完成。技术小组为了验证现场调试设备的各项性能是否符合要求，采用静态及动态交叉结合的方式进行综合性能检测。在静态下完成发电机的各种必要标准检验的同时，还采用具有PLC控制的干式特制合金电阻可变模块化负载对改造后的发电机组进行了动态性能测试。由PLC控制机对负载进行了0-25%-50%-75%-100%-75% -50%-25%-0动态测试，不仅完成了发电机正常运行的一般负载变化检验，还结合调压和无功补偿等技术进行了有功、无功负载的突加突减动态检测，在12s内完成了高密度数据采集的突加、突卸实验。这些综合测试的结果正常标志着透平柴油模式运行及燃气运行模式自主调试成功。

4.2.3.3 项目效果与启示

透平发电机机组自主调试成功，是作业公司联合湛江分公司生产部动力室以及油田动力人员共同攻关的结果。经过长期检测透平发电机机组在燃气模式稳定运行，一方面油田的安全生产得到了强有力的保障，为油田的节能降耗奠定了坚实的基础，根据实际数据统计，此次机组自主调试成功节约柴油 1020m^3，减少柴油滤器消耗接近 190 个，共计节约备件费用约 48.5 万元，降本增效成效突出；另一方面，自主调试使动力人员的技术技能水平得到了进一步提升，解决实际问题的能力以及动手能力也有了很大的进步，这种整体机组设备独立调试的成功经验将为透平发电机机组突破国外技术壁垒起到极大的推动作用。

透平发电机机组自主调试成功，也给油田动力人员提供了更多的启示，国外设备厂家为了保护自身的技术，往往设置了很多的保护壁垒，如果油田现场技术人员想当然地认为壁垒牢不可拔而畏步不前，则技术没有提升的空间，自检自修以及降本增效受到阻力而停步不前。因此，技术人员要有一种勇挑重担的精神，在苦练内功的同时要勇于进取。同时，作业公司要审时度势，有效组织所有的技术力量进行集体攻关，消除降本增效前面的拦路虎，为自检自修提供更宽广的舞台。透平发电机机组作为油田生产的核心，长期依赖国外厂家的技术服务，服务成本一直居高不下，在当前油价寒冬的严峻时刻，有效利用集体技术力量，抱团作战，克服机组的各种技术难关，逐步实现国产化以及自主维修，摆脱依赖国外工程师的习惯性思维，需要动力技术人员的共同努力。

透平发电机机组自主调试成功为油田动力设备的自检自修开了一个好头，对其他油田的机组日常维护大胆走出长期依靠国外工程师现场服务的模式起到良好的示范与借鉴作用。

4.2.4 自主完成燃气轮机齿轮箱的解体维修实践

4.2.4.1 项目背景

海上采油平台电网大多采用燃气轮机经过减速齿轮箱，驱动发电机进行发电供给平台设备。涠洲 12-1 油田透平 A 机的齿轮箱自从 2001 年大修之后，至 2014 年已连续使用 13 年，机组的运行参数，特别是齿轮箱的振动值有增大趋势，且累计运行时间已达 8 万多小时，到达大修时限。以往齿轮箱大修都是申请外方厂家技术人员到现场服务，油田不但要支付高昂的人员服务费，而且技术上也受制于人，充当“配角”。

为改变此状况，实现降本增效，油田动力部门改变维修思路，自主创新，从配角变主角。通过前期充分的技术储备，维修方案的不断完善，再经过现场精心组织实施，对齿轮箱进行拆卸、吊装、解体，用专业工具对各部件数据进行测量，并和标准一一对照，将不达标部件进行更换，再进行轴系齿面探伤、回装及机组整体对中等过程，最后进行盘车启机测试。机组运行状况良好，特别是齿轮箱的振动值比检修前减少了0.04in/s。检修工作首次在无厂家人员现场服务的情况下自主完成，克服了作业期间工作量大、工期紧、作业空间狭小、海上阴雨大风天气等困难，发扬了团结一致、积极主动、勇于创新的宝贵精神。经过20天的艰苦奋斗，节省外方劳务费达35万元人民币，实现降本增效目标。同时对其他装置同类设备维修具有推广借鉴意义，打破国外技术封锁壁垒，提高现场维修人员技能水平，进一步推动透平发电机组国产化维修进程。

4.2.4.2 项目思路与实施

涠洲12-1油田燃气轮机齿轮箱为英国艾伦齿轮（Allen Gears）厂家生产的行星齿轮箱，其结构是多个行星齿轮围绕一个太阳轮转动，通过一个行星持架固定到壳体上去，以太阳轮的相反方向做环形（内部齿轮）转动，实现将输入转速降低，同时又将电机扭力成比例增大的目的。与同类普通物理齿轮箱相比，具有传递平稳、承载力大、传动比大、寿命长（可达100000h）、体积小巧、外形美观等优点。据统计，分公司用三个装置/油田此型号齿轮箱共计11台。

（1）前期工作准备

包括制作专用工具，研究厂家C文件，检修备件，机组能源隔离，专用工装制作。

（2）拆卸相关部件

① 拆除与齿轮箱相关的各类探头、温度开关等仪表，并做好标记和线头包扎。

② 拆除部分机撬门、门框，拆卸联轴器护罩和边框。

③ 拆除滑油双联过滤器总成及连接管线，拆除直流泵出口管线的安全阀及连接管线，拆除VGS泵出口的压力控制阀、安全阀及管线，拆除部分水洗管线，拆除斜盘马达连接管线。

④ 拆除压气机进气蜗壳螺栓（M17、M19）和高速轴上端盖螺栓（M30），注意高速轴上端盖的“暗销”拆除方法：将长螺栓拧进暗销中，下端用套筒头顶住，上紧螺母将暗销拔出，两边用螺栓将端盖顶起后，

用导链将上端盖吊出。

⑤ 安装盘车工具，用激光对中仪按图4-49中所示对中，取机组对中的初始数据，测量两次数据基本一致。从对中数据看发电机后端有点翘尾，数据情况如下：

a. 上下径向偏差：0.02mm（电机偏低）；轴向偏差：0.06mm/100；

b. 左右向偏差：0.17mm（电机偏左）；轴向偏差：0.01mm/100。

⑥ 拆除高速轴压气机端的定位卡环和轴承进油管。定位卡环拆除方法：一字螺栓刀，插入卡环断口处的齿轮缝中，卡环取出后，向齿轮箱方向扳动高速轴；也可用一个M6的螺钉拧入螺纹孔内，在弹性环的一端上加力，直到它无弹性，如图4-50所示。

图4-49　机组对中

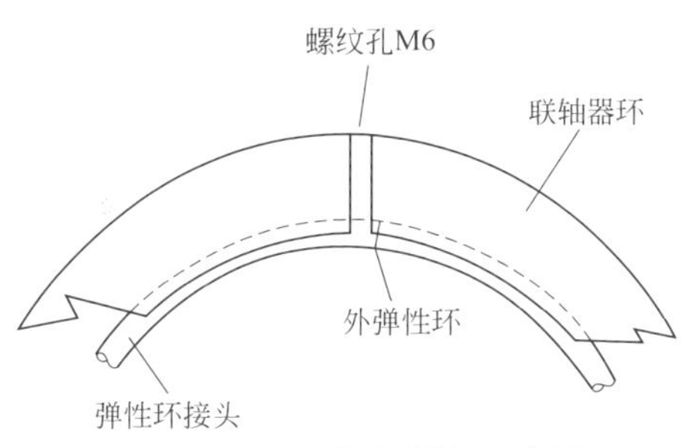

图4-50　螺钉插入示意图

⑦ 挂好吊带，拆除联轴器的连接螺栓，安装专用工具固定，上紧螺母，使柔性联轴器向内缩，拆除联轴器。注意：联轴器拆除后，需测量齿轮箱靠背轮与发电机背轮之间的尺寸，作为回装的数据。

⑧ 拆除机组斜盘马达，其螺栓是双头螺栓，螺栓取出后，将斜盘马达齿轮吊出。

（3）齿轮箱吊出作业

机撬内空间有限，齿轮箱吊出需要特制的工装，采用四条导链分别挂在齿轮箱四角，通过调整导链松紧将齿轮箱脱开。吊出齿轮箱前要检查的内容：a.整个工装的稳定性；b.吊点位置要在齿轮箱上部中心位置；c.行车滑轮要锁紧，不能摆动。具体吊装方法：松开齿轮箱与支撑座的螺栓，将高速轴往齿轮箱方向靠（压气机端脱出为止），拉前部导链，接着调整后部两个导链，齿轮箱会向外移，反复进行，直到齿轮箱离开螺栓，在高速轴（压气机端）脱开后，向压气端移动高速轴，如果位置不合适，调整前面两个导链，调整位置，直到高速轴从齿轮箱端脱出，从轮机-齿轮箱支承接口上吊起齿轮箱。

（4）齿轮箱的解体检修

① 拆除齿轮箱输出轴的上、下端盖螺栓（M18、M17、M24），左右各有一个带销螺栓，松开螺母后将其敲出。

② 拆除齿轮输出轴上端盖，先将下端盖螺栓拆除（下端盖有两个暗销 M8），然后将下端盖松开，再取上瓦。外观检查油封、上下瓦面、轴颈、油封表面有无被磨边迹象，轴瓦与轴颈表面有无异常。

③ 用四个吊链将齿轮箱翻转，用三个四方枕木垫在底部。外壳螺栓拆除分离，外壳连接处有三个定位暗销，将暗销拔出，用三个螺丝顶起后，用导链将齿轮组吊起，外壳分离，如图 4-51 所示。

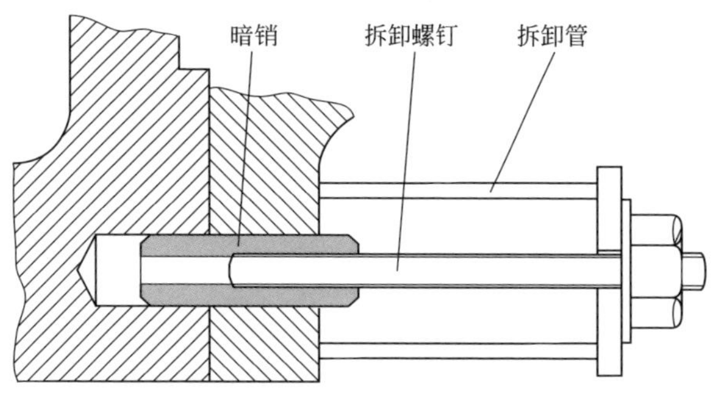

图 4-51　齿轮箱外壳分离连接件示意图

④ 内圈齿和外圈齿轮分离，用导链固定连接齿轮箱四个角，将齿轮箱吊起，调整导链长度一致，用水平尺测量确定齿轮箱吊起时保持水平状态，然后放下。

⑤ 再将外圈齿与内圈齿的定位卡环拆除（卡环的定位内六角螺栓拆除，用小内六角将卡环取出）。

⑥ 用千斤顶顶住内圈齿四边的内孔，将齿轮组顶至水平位置，用导链将齿轮组水平吊起，过程中保持齿轮组在水平位置，如果不水平，用千斤顶调整保持水平。反复操作，将齿轮组升高至与外圈一致。外圈内齿与内圈外齿可以看到“OVO”的定位标记。

⑦ 继续升起齿轮组，脱开直齿部分后，升到斜齿位置，开始往右旋转 6 个半齿位置，做好标识，将分离的外圈齿移开。

⑧ 拆除三个行星齿轮心轴底部的 M16 的内六角。

⑨ 拆除行星齿轮支撑板上的密封板，做好标识。

⑩ 拆除行星齿轮支撑板上的定位销和固定螺栓。

⑪ 用专用工具（图 4-52）M26 长螺杆穿进行星齿轮心轴中，上部用两个垫块（注意垫圈的内径要大于行星齿轮心轴的外径，安装时要检查），安装有眼千斤顶，用螺栓上紧定位，下部用一个垫块（垫圈外径要小于

行星齿轮心轴）然后用螺母上紧。

图 4-52　行星齿轮心轴拆装专用工具

⑫ 用液压千斤顶将销顶出，待行星齿轮心轴已经完全顶出后，拆除千斤顶，将行星齿轮心轴提出来。

⑬ 依次将三个行星齿轮心轴拆除后，拆行星齿轮的支持盖板，盖板上有三个暗销，要做好标记。

⑭ 将一个行星齿轮吊出，拆除第二个行星齿轮时，要固定太阳轮轴，防止坠落。

⑮ 测量行星轮内径和行星轮心轴外径，得出间隙，并外观进行检查（表 4-7）。

表 4-7　行星齿轮测量数据（基础值 114mm）　　单位：mm

测量角度	位置	0°	90°	间隙标准（0.18 ~ 0.23）
行星齿轮（A）轴套内径	上	0.33	0.34	上间隙值：0.21
	下	0.32	0.32	
行星齿轮（A）行星齿轮心轴外径	上	0.13	0.13	下间隙值：0.21
	下	0.11	0.10	
行星齿轮（B）轴套内径	上	0.30	0.31	上间隙值：0.18
	下	0.32	0.32	
行星齿轮（B）行星齿轮心轴内径	上	0.13	0.13	下间隙值：0.18
	下	0.13	0.13	
行星齿轮（C）轴套内径	上	0.33	0.33	上间隙值：0.20
	下	0.32	0.32	
行星齿轮（C）行星齿轮心轴外径	上	0.13	0.13	下间隙值：0.21
	下	0.12	0.12	

⑯ 测量低速内轴外径和轴瓦内径（表 4-8），分析测量数据发现轴瓦有椭圆现象，进行更换并安装。

表 4-8　低速内轴测量数据（基础值 126mm）　　单位：mm

测量角度	位置	0°	90°	间隙标准（0.18 ~ 0.23）
轴瓦	上	1.10	0.98	根据测量数据看，偏差 0.12mm 左右，出现椭圆情况，更换新瓦
	下	1.09	0.98	
轴颈	上	0.83	0.82	
	下	0.83	0.82	

⑰ 对行星齿轮、太阳轮轴、过桥齿轮等部件进行磁粉探伤和齿轮表面检查，测量啮合接触面积。

⑱ 高速轴情况检查：齿轮箱与压气机之间连接的高速轴齿轮磨损比较严重，齿面有明显的凹痕，接触面积减小。目测齿与齿之间的啮合接触面积约为 50%，按照厂家资料要求，不适合长期使用。

（5）齿轮箱回装

① 按照标示对行星齿轮和太阳轮进行组对并固定在行星齿轮架上。

② 安装过桥齿圈（上），上过桥是内斜齿，外边是下直齿，按照标示安装到位。

③ 回装行星齿轮支撑盖板并紧固。回装时用导链将支撑盖板吊起，用水平尺找平，保证水平后，找准之前做好的标记，定位销孔的位置，依次安装好三个定位销（安装前必须清洁干净）；按标准扭力上紧盖板螺栓，用清洗剂清洗行星齿轮心轴，用仪表风对行星齿轮心轴表面和行星齿轮内孔的油道进行吹扫并抹上滑油，然后再安装专用工具，用千斤顶将三个行星齿轮心轴安装到位，再检查行星齿轮心轴面与盖板的位置。

④ 安装行星齿轮支撑板上的盖板，端面涂上端面胶，安装盖板然后按照标准扭力分三次上紧螺栓。

⑤ 安装内齿圈的下卡环，然后上紧定位内六角螺栓。

⑥ 安装下过桥齿圈（内斜齿外边上直齿）和行星齿轮组：

a. 先将下过桥齿圈放进内齿圈内，然后用千斤顶将下过桥齿圈顶到与内圈齿端面平行位置，水平尺进行检查确认在水平位置。

b. 用仪表风清洁表面及油道，用重锤调整吊点位置与内圈齿圈的油管在一个点上。

c. 吊起行星齿轮组移动至内圈齿圈的油管上方。

d. 调整导链高度保持水平，对正油管，然后缓慢放下，过程中要观察位置是否有偏移。穿过油管后，在上下过桥齿轮刚好贴合时，对照拆卸前的记号，慢慢坐到下定位卡环。

⑦ 安装内齿圈的上卡环。安装方法：将弹性卡环装进卡槽里，断口处一端在定位螺栓两边，用工具撑开卡环，将定位螺栓上紧定位。

⑧ 安装齿轮箱外壳。安装前要进行整体清洁，油路进行吹扫，然后将齿轮组吊至外壳上方，确认保持在水平位置，在外壳端面涂上密封胶，然后慢慢将齿轮组吊装进外壳，按照标记安装螺栓、暗销孔。固定螺栓按照扭力进行依次上紧，螺栓扭力 188N • m。安装完毕后将齿轮箱进行翻转。

⑨ 测量低速输出外轴颈外径和轴瓦内径。测量轴瓦内径时，要将上下端盖的螺栓安装标准扭力上紧，然后测量内径数据（表 4-9）。

表 4-9　低速输出外轴测量数据（基础值 165mm）　　单位：mm

测量角度	0°	60°	90°	间隙标准（0.20 ~ 0.25）
轴颈	−0.06	−0.06	−0.06	轴瓦磨损不够均匀，有椭圆的情况，但是间隙还在标准内
轴瓦内径	0.11	0.15	0.07	轴瓦磨损不够均匀，有椭圆的情况，更换新瓦时无法安装，测量瓦背固定槽比瓦座小 0.04mm，没有更换

⑩ 齿轮箱吊装步骤：

a. 调整吊点，保持齿轮箱刚好错开高速轴的平面。

b. 将齿轮箱吊用四个导链吊起，调整导链使齿轮箱保持水平，用水平尺检测，连接处的端面涂上端面胶。

c. 将高速轴先套进压气机端的齿轮，然后吊起齿轮箱，使太阳轮与高速轴在一个水平面高度。

d. 缓慢移动齿轮箱就位，移动中要时刻注意齿轮箱不要碰到高速轴。

e. 移动到位置后，先根据支撑架的螺孔位置调整四个导链，使齿轮箱向高速轴靠拢，直到螺栓能进入到螺栓孔的一半位置，用游标卡尺测量两边进入的距离一致。

f. 将高速轴对向太阳轮齿，用反光镜进行观察齿轮是否对正，如有偏移，微调齿轮箱的导链。当确认高速轴与太阳轮齿基本一致时，缓慢盘车，将高速轴往太阳轮齿靠，当齿与齿位置合适，自然进入。

⑪ 机组对中步骤：

a. 齿轮箱安装就位对中检查，与拆卸前相差不大，电机翘尾。

b. 4 个地脚螺栓基座垫片大部分已经腐蚀作废，重新制作新垫片，机组整体对中；地脚螺栓标准扭力：840ft • lb。

c. 最终对中数据：

上下径向偏差：0.03mm，轴向偏差：0.01mm/100；

左右径向偏差：0.01mm，轴向偏差：0.00mm/100。

对中标准：

a. 径向偏差必须在 0.025mm 范围内，总的指示读数不超过 0.05mm。

b. 轴向偏差对于直径 400mm 的联轴器，界限是联轴器直径每米为 0.13mm。

⑫ 回装联轴节、联轴节护罩、护罩橇板。联轴节 M11 螺栓以 90N • m 扭矩打紧，M12 螺栓以 98N • m 扭矩上紧。

⑬ 机组启机测试：低、高速盘车，检查管线有无泄漏、振动参数。低速盘车，齿轮箱振动值在 0.2in/s，高速盘车齿轮箱振动值在 0.1in/s，压气机振动值为 0.15in/s（报警值为 0.4in/s）。用燃气启机机组，空载 40min 并入电网，带载 2100kW，振动值（齿轮箱：0.12in/s，压气机 0.22in/s，发电机前后端 0.4 ～ 0.6mil/s）比检修前低 0.04in/s 左右，状态良好，大修工作圆满完成，达到预期效果。

4.2.4.3 项目效果与启示

本次齿轮箱大修在无厂家人员现场服务的情况下自主完成，达到如下效果：

① 改变维修思路，勇于尝试，自主技术创新。据以往惯例，齿轮箱大修都是申请外方厂家技术人员到现场服务，存在响应不及时、服务费用高等问题，技术上也受制于人，只能充当“配角”，无法掌握核心技术。为改变此状况，提高现场人员自身维修技术水平，油田改变维修思路，大胆尝试，自主创新，组织维修骨干力量，前期研究厂家 C 文件，精心编制维修方案，自主制造相关专用工具，共同讨论，反复论证，并成功于实践中，首次独立完成燃气轮机齿轮箱大修的维修工作，维修质量良好。

② 节约维修成本，实现降本增效。在无厂家人员参与的情况下，首次独立完成了燃气轮机组齿轮箱的自主维修，节省外方厂家劳务费达 35 万元人民币，实现可观的经济效益，降本增效。

③ 打破国外技术封锁壁垒，提高现场维修人员技术水平。厂家对技术保密工作十分重视，对用户实行技术封锁，但维修人员通过在以往跟踪服务中加强自主学习，最终成功打破技术壁垒，完成自主维修，此次是一次大胆尝试和运用，实现了技术创新，打破外方技术封锁，提高自主维修水平，对透平机组国产化维修进程具有重要意义。

④ 维修经验推广借鉴意义重大，有广泛的应用前景。据统计，分公司有三个装置具有此型号齿轮箱，共计 11 台，按正常运行规划，平均每年将有一台该型号齿轮箱需要进行大修。本次大修维修经验，对其他装置同类设备维修具有推广借鉴意义。

参考文献

[1] 谭东杰，李柏松，杨晓峥等. 中国石油油气管道设备国产化现状和展望 [J]. 油气储运，2015，34 (9)：913-918.

[2] 张岳飞，王伟莉. SGT5-2000E/4000F燃气轮机国产化发展现状 [J]. 热力透平，2014，43 (3)：231-233.

[3] 马瑞，张学军，陶春虎. 国内首家航空关键件维修工程技术中心成立 [J]. 航空维修与工程，2014 (4)：43-44.

[4] 张小伟. 发动机修理技术的研发现状 [J]. 航空维修与工程，2014 (3)：26-27.

[5] 周登极，高顺华，侯大立等. 燃驱天然气压气站设备以可靠性为中心的维护 [J]. 油气储运，2014，33 (5)：505-509.

[6] 李刚，刘培军，王帅等. 管道压缩机组视情维护及其发展策略 [J]. 油气储运，2011，30 (8)：660-662.

[7] 孙启敬，尚云莉，涂怀鹏. 管道燃驱压缩机组维修方式探讨 [J]. 燃气轮机技术，2010，23 (1)：60-64.

[8] 倪维斗，焦树建. 我国发展燃气轮机的可行道路 [J]. 机电产品开发与创新，2001 (3)：60-66.

[9] 胡晓煜. 世界燃气轮机手册. 北京：航空工业出版社，2011.

[10] 蒲海龙，罗素华，何晓云等. 产水气井结盐垢机理研究及防治 [J]. 内蒙古石油化工，2010，36 (1)：4-6.

[11] 刘衍贞. 离子性盐类溶解性的热力学分析 [J]. 潍坊高等职业教育，2006，15 (1)：100-101.

[12] 朱明善. 工程热力学. 北京：清华大学出版社，1995.

[13] 张靖周. 传热学. 北京：科学出版社，2009.

[14] 强建国. 机械原理创新设计. 武汉：华中科技大学出版社，2008.

[15] 祝毓琥. 机械原理. 北京：高等教育出版社，1986.

[16] 李龙堂. 工程力学. 北京：高等教育出版社，1989.

[17] 赵远扬，李连生，熊春杰等. 涡旋压缩机研究概述 [J]. 流体机械，2002，30 (9)：28-31.

[18] 中国大百科全书——自动控制与系统工程卷. 中国大百科全书总编辑委员会. 北京：中国大百科全书出版社，1991.

[19] 吴蕴章. 自动控制理论基础. 西安：西安交通大学出版社，1999.

[20] Hall A. Servomechanism Fundamentals. McGraw-Hill，1960.

[21] 侯志林. 过程控制与自动化仪表. 北京：机械工业出版社，2000.